北极油气资源开发利用路径研究

王春娟　刘大海　著

海洋出版社
2019年·北京

图书在版编目（CIP）数据

北极油气资源开发利用路径研究 / 王春娟, 刘大海著. — 北京 : 海洋出版社, 2019.4
ISBN 978-7-5210-0218-8

Ⅰ. ①北… Ⅱ. ①王… ②刘… Ⅲ. ①北极－油气资源－资源开发－研究②北极－油气资源－资源利用－研究 Ⅳ. ①TE155

中国版本图书馆CIP数据核字(2018)第236133号

责任编辑：苏　勤
责任印制：赵麟苏

海洋出版社 出版发行
http://www.oceanpress.com.cn
北京市海淀区大慧寺路 8 号　邮编：100081
北京朝阳印刷厂有限责任公司印刷　新华书店北京发行所经销
2019年4月第1版　2019年4月第1次印刷
开本：787mm × 1092mm　1/16　印张：11.25
字数：238千字　定价：88.00元
发行部：62132549　邮购部：68038093　总编室：62114335

前 言

国务院新闻办公室2018年1月发表了《中国的北极政策》白皮书，确定了“认识北极、保护北极、利用北极和参与治理北极”的政策目标以及坚持“尊重、合作、共赢和可持续”的四项基本原则，并提出了“依法合理利用北极资源”的政策主张。但目前，中国作为近北极国家，对于北极自然资源的认识和中国如何参与北极资源开发方面的研究还相对薄弱。

北极油气是其自然资源中具有代表性的能源资源，储量丰富，具备巨大的资源开发潜力。北极地区自然资源的开发利用对技术要求较高，对环境所造成的影响也不容忽视。其潜力与分布仍存在一定的争议，尤其是北极大陆架等部分海域油气资源分布受北极国家划界争议的影响权属未定，搁置争议、合作开发成为解决问题的一种方式，这既给中国参与北极油气资源开发利用提出了挑战，同时也提供了机遇。

值得思考的是，北极自然资源开发利用的国际机制和依据是什么？储量丰富的北极油气资源经济效益及其对北极国家的经济贡献究竟如何？在敏感的北极地区开发利用油气资源对北极生态环境有何影响？在全球变暖的大环境下，北极地区如何实现减少碳排放和减缓气温上升？中国如何参与北极自然资源开发利用？具体实现路径是什么？这些问题的思考成为本研究的缘起，其回答和解决过程为本研究提供了技术路线和研究内容。

本书以中国开发利用北极油气资源为选题，梳理了国内外现状，应用计量经济学、管理学、可持续发展和国际贸易等理论方法，开展了油气资源潜力与分布、经济贡献、环境影响和路径探索等方面的研究，获得了如下新的认识和结果。

第一，全面分析了北极油气资源潜力和分布。在区域分布上，油气资源潜力最大的前三个含油气地质区依次为西西伯利亚盆地、阿拉斯加北坡盆地和东巴伦支海盆地。在国家分布上，占北极地区油气资源量比例较大的是俄罗斯和美国（阿拉斯加），分别为41%和28%。系统分析了北极各国家油气资源产消量的时间变化趋势、空间区域差异及其贸易流向。石油生产量呈现上升趋势的是俄罗斯和加拿大，天然气产量上升的是挪威。近年来，俄罗斯油气产量均占北极地区的60%以上。俄罗斯、挪威和丹麦油气出口以欧洲国家为主，加拿大主要出口至美国。

第二，采用能源生产率指标和协整模型分析了油气资源对北极国家的经济贡献。结果表明挪威和丹麦综合技术最为先进，加拿大次之，俄罗斯最后。根据协整系数推测经济增长对油气资源依赖较高的国家是挪威（1.63）、加拿大（1.48）和俄罗斯（1.40）。

第三，北极环境影响研究方面，采用协整理论和STIRPAT模型进行分析。丹麦的油气消费与环境指标均不协整，表明其通过提倡绿色能源实现了经济增长与碳排放的基本脱钩。挪威和加拿大的油气消费对碳排放具有负影响，能源强度指标系数也较小，表明其在环境保护和综合技术方面优势明显。俄罗斯相对较弱。美国（阿拉斯加）油气消费对碳排放有促进作用。

第四，利用SWOT模型分析了中国与北极国家油气资源合作方式，初步提出中国与北极五国采取不同国际合作方式的建议。中国与俄罗斯为增长型合作战略（SO），中国与挪威和丹麦为开拓型合作战略（WO），中国与加拿大为多元型合作战略（ST），中国与美国（阿拉斯加）为防御型合作战略（WT）。总结提出北极国际海底区域资源的开发方式应以全人类共同开发为前提。并建议中国在参与北极资源开发中加强对北极航道、温室气体资源化利用等技术创新的研究。上述研究结果为中国开发利用北极油气资源探索了切实的路径方向，提供了新的科学依据。

本书编写过程中，得到了中国地质大学（北京）苏新教授和原国土资源部油气战略中心乔德武研究员的悉心指导，在此一并致谢。同时，感谢国家海洋局极地考察办公室给予的课题资助，感谢自然资源部第一海洋研究所给予的支持。

由于资料情况和作者水平所限，书中可能存在诸多不足和错误，敬请各位专家和同行批评指正。

目录

第1章　绪　论

1.1　研究背景

北冰洋的洋底蕴藏着约占全球储量四分之一的石油和天然气资源，被认为是世界上油气资源开发潜力最大的地区（USGS，2000；USGS，2008；Oil and Gas Journal，2006）。但由于气候条件恶劣，生态环境脆弱，经济发展形态单一和地区偏远等诸多原因，使得开采比较困难。随着全球气候变暖加速，北极海冰日益消融，北极航道即将开通，大规模开发北极地区庞大的油气资源成为可能（John，2010），北极地区的战略地位日益凸显（岳来群等，2008），世界各国对北极资源特别是油气资源的开发也随之升温。北冰洋沿岸国家凭借地理位置的优势，率先开展资源的勘探开发和利用。诸多域外国家开始聚焦北极地区并开展其资源潜力研究，各国参与北极油气资源的争夺也日趋激烈。

北极地区丰富的油气资源，不仅具有重要的能源价值，其战略价值更为重要（Berkman and Young，2009）。随着世界战略格局的不断变迁，能源危机带来的潜在矛盾愈加频繁，全球各国迫切需要寻找新的能源战略空间，北极地区很快成为关注焦点。无论是北极油气资源的开发还是北极航道的开通，均已超出普通能源开发的范畴，直接涉及全球各国家的长远利益。北极地区常规油气开发对中国能源安全与可持续发展也有重要的战略价值。

中国作为“北极事务重要利益攸关方”（刘惠荣和孙善浩，2016；孙凯和张瑜，2016；潘敏和徐理灵，2016），在认识北极和保护北极方面任重而道远（Jakobson，2010）。中国对北极事务的重视也提升至政策层面，特别是国务院新闻办公室2018年1月26日发表的《中国的北极政策》白皮书[1]（以下简称《白皮书》），全面分析了北极的形势与变化，阐明了中国与北极的关系，确定了中国的北极政策目标，并提出坚持“尊重、合作、共赢和可持续”四项基本原则。这是中国首次就北极政策发表白皮书，也是当前和今后一段时期指导

1　http://www. scio. gov. cn/zfbps/32832/Document/1618203/1618203. htm

中国参与北极事务的纲领性文件。《白皮书》指出，在北极资源开发利用方面，尊重北极国家根据国际法对其国家管辖范围内油气和矿产资源享有的主权权利，尊重北极地区居民的利益和关切，支持企业通过各种合作形式，在保护北极生态环境的前提下参与北极油气和矿产资源开发，合理合法地利用北极资源。

《白皮书》表明中国已从政策层面思考整个北极事务的参与，并对北极资源开发利用给出了纲领性的指导。对于北极地区丰富的油气资源开发，不仅需要针对性地进行分析，制定相应的战略政策与规划，还需要落实到具体行动上，有目标有秩序有计划地逐步实现参与北极资源开发利用的设想，确保国家的能源安全与利益。针对目前北极地区油气开发呈现出向海上迈进和成立公司战略联盟的两个趋势（Bird et al.，2008），中国石油公司参与北极油气开发主要面临三方面挑战，即在恶劣环境下作业的高技术要求、对市场和经济条件的高敏感性以及缺乏有利政治因素推动（雷闪和殷进垠，2014）。与此同时，北极地区脆弱的生态环境就更加需要在开发的同时进行及时的保护（Arctic Human Development Report，2004）。北极地区资源开发利用应充分考虑北极地区的环境承载能力及其对全球气候变化的影响（Houghton et al.，2001）。对于北极地区的发展条件、发展水平与发展潜力需要进行长期的跟踪监测，总结其特殊性并提出符合当地实际、切实可行的发展建议（吴雪明和张侠，2011）。

因此，本书以中国开发利用北极油气资源为选题展开研究，从北极资源开发利用与实现国家能源安全的角度出发，探讨中国参与北极地区油气资源开发利用方式，确定与北极各国家油气合作的切入方向，以最大化提高国家和企业竞争力为目标，实现北极油气资源的绿色利用，为中国及其石油公司实现北极油气资源开发利用提供科学支持。

1.2 国内外北极油气资源研究现状

1.2.1 国外研究现状

随着世界经济发展，资源已经成为各国能否在未来的国际竞争中抢占先机的决定性因素。北极也因此成为了世界强国关注的重点，引发诸多国家的探索。随着全球油气资源的紧张、自然条件的改善和北极航道的逐渐开通，北极海上油气勘探也呈逐年递增的趋势，油气资源评价成为北极研究热点问题之一。其中“北冰洋五国”（美国、俄罗斯、加拿大、挪威和丹麦）凭借地理位置的优势，在北极的探索中取得了一系列显著的成果（汪杨骏等，2016）；英国、加拿大、俄罗斯对北极的探索在十五到十七世纪就已经开始了（Steven and Dinero，2011）；同时英国、德国、日本也凭借后期的发展积极介入北极事务。各国在油气资源勘探评价、生态环境保护以及战略政策等方面都取得了一定的成绩。

1.2.1.1 北极油气资源勘探开发现状

人类对北极地区油气资源的勘探开发已有100多年的历史（Wang，2010），大致始于20世纪30年代，在1970—1980年达到勘探高峰。1900年，人们首次在阿拉斯加钻探并发现了石油，但产油量并不足以支持工业生产（IHS，2011）。加拿大帝国石油公司（Imperial Oil）1920年就开始早期勘探钻井，在马更些三角洲附近发现Norman Wells油田。1923年美国在阿拉斯加北坡开展地质调查工作（Plafker et al.，1994）。随后几十年里，随着勘探开发技术的不断进步，在阿拉斯加北坡盆地、西西伯利亚盆地北部、巴伦支海盆地等地区都有重大油气发现（Gudlaugsson et al.，1998；Grantz et al.，1979）。1956年，壳牌公司在阿拉斯加南岸的Wide海湾进行了地震勘探[1]。之后，北冰洋沿岸国家美国、加拿大、俄罗斯、挪威以及丹麦的格陵兰都在北极地区陆续开展了一系列勘探活动（Embry，1990；Ivanova et al.，2006；Drachev et al.，1998）。1962年俄罗斯探明了塔佐夫斯北极克油田，1967—1968年，阿拉斯加北部斜坡发现了北美最大的普拉德霍湾油田，拥有可采石油储量为136×10^8bbl，是北极地区已开发的最主要石油项目（Craig and Mccart，1975；贾凌霄，2017）。随后，波弗特海发现了自由油田（Liberty oil field）（Radella and Galuskas，1966）。1988年，俄罗斯境内巴伦支海海域发现了Shtokman气田，拥有3.8万亿立方米的资源量。1997年，加拿大投产了最大的近海石油项目，即纽芬兰海岸外的海伯尼亚油田（Hibernia field）（Tankard and Welsink，1987；Brown et al.，1989）。挪威第一个位于北极的油田是2000年被发现的由埃尼集团（ENI）运营的Goliat油田（Vignati et al.，2010）。

1 http://www.sohu.com/a/157171289_505855

格陵兰岛海上石油天然气的勘探可以追溯到20世纪70年代，美国地质勘探局（United States Geological Survey，简称USGS）在2008年所做的北极资源调查显示，在该岛周围的3个主要盆地中，共有520亿桶油当量的潜在油气资源量（Schenk et al.，2008；Gautier et al.，2009），许多参与格陵兰岛开发的国际石油公司都对未来勘探前景充满期待。

近年，随着全球气候不断变暖和北极冰盖范围的减小（Manabe. et al.，1991；Walsh. et al.，1996；Rigor. et al.，2000；Chapman and Wals，1993；陈立奇，2002；张兰生等，2000；高爱国等，2002），加上钻探技术的进步和易开采油气资源变少，北极地区在各大油气公司的开发名单上越来越靠前，仅在2005—2007年，北冰洋新增移动式海上采油平台8座，海上石油天然气开采平台6处共19座，综合能源工业船（FPSO）作业441艘次。2007年北极地区全年能源产量较1997年增长140%。2007年至2009年间，美国壳牌、英国石油、埃克森美孚、雪佛龙等国际石油集团纷纷抢滩北冰洋，Statoil（挪威）、Rosneft（俄罗斯）等国家控股石油公司也加强了对巴伦支海的油气勘探活动。

俄罗斯的油气资源主要集中在俄罗斯北极的大陆架地区（ГусевЕ，2013；Han，2012）。随着俄罗斯陆地资源的不断开发以及北极冰层的融化，近几年俄罗斯开始全面启动勘探北极大陆架油气资源的计划（Psyk，2012；Kaminskii et al.，2011；Walsh and Cogan，2015）。2000年至2011年，俄气Gazflot子公司在喀拉海钻井27口，发现了卡缅诺梅海气田、北卡缅诺梅海气田、楚科梁辛气田和鄂毕湾气田（Interfax，2012），2012年俄油在喀拉海和伯朝拉海许可区进行了大范围的地震勘探，并在2013年获得了另外12个区块的勘探许可证。截至2013年，俄罗斯北极海域共钻井86口探井，发现了24个油气藏。俄罗斯已探明石油（含凝析油）和天然气储量分别占北极地区已探明油气储量的58%与94%（USGS，2000；USGS，2008；Oil and Gas Journal，2006；舟丹，2013）。阿拉斯加地区油气资源在美国油气资源储量上占重要地位，阿拉斯加北坡的78个油气田就有22个在波弗特海，这里还分布普拉德霍湾油田和库帕鲁克河两个特大型油气田（Masterson et al.，2001），石油和天然气储量分别占该地区的81%和75%，产量在20世纪80年代后期达到顶峰，但是目前，这两个大型油气田的产量高峰期已经过去，现在产量远不及当时的25%。加拿大近海海域已钻井125口，在波弗特海和美亚海盆地区的麦肯齐三角洲预计还有102亿桶液态石油和57万亿立方英尺的天然气资源。挪威的石油主要分布在北海、挪威海和巴伦支海的陆架上，但只有巴伦支海域属于北极地区（Gudlaugsson et al.，1998）。自20世纪70年代早期挪威就开始在巴伦支海进行地震勘探，2011—2012年，挪威在白雪公主油气田北部100千米处发现了Skugard和Havis油气田，估计储量均在3500万吨油当量左右（Terde，2008；Overland and Krivorotov，2015；杨雪琴，2015）。

21世纪以来，特别是近十年，全球在极地开发作业的平台与船舶越来越多（Hacquebord，2012），2014年达到高峰。之后，由于国际原油价格下降等原因，开发作业逐渐减少，许多公司在北极的油气项目进展并不顺利。2015年3月，美国刚刚有条件批准壳牌阿拉斯加北极海域钻探计划，9月底壳牌就宣布无限期推迟在楚科奇海和泛美北极圈内的石油开采项目（余夕志，2013），10月美国内政部又宣布搁浅北极计划，暂停出售2016—2017年阿拉斯加北部北极圈海域的油气开发经营权。在全球关注气候变化和提倡减少碳排放的大环境下，作为世界第四大天然气生产国的加拿大（Wang，2014），天然气产业迎来了高速发展的机遇（Wedekind，2008）。加拿大虽然拥有丰厚的资源潜力，但限于交通运输和地缘政治的问题，液态天然气的出口和太平洋航运市场的开拓，都受制于政府解决油气管道纠纷的能力和获取长期天然气合约的措施（Raj et al.，2016）。同样地，挪威油气企业也深受低油价负面影响，营业收入锐减，大批海工平台闲置，油气勘探领域投资也大幅下降。但这些企业并未停止北极油气开发的步伐（Mauritzen，2016）。2017年6月，Statoil宣布与Rosneft在鄂霍次克海进行共同勘探，钻探位置距离马加丹港450千米，海深不超过150米（Niu et al.，2017）。北极油气资源勘探开发的这一系列变化既反映出北极开发的挑战性之大[1]，又对目前极地油气利用提出了新的要求。无论是从技术方面还是国家政策、地缘政治等方面，参与北极油气资源开发利用的国家、组织或者企业都需要重新梳理头绪，做出正确的判断和决策。

1.2.1.2 油气资源对北极国家的经济贡献

北极地区的油气开采活动主要集中在俄罗斯、加拿大、美国（阿拉斯加）、挪威和丹麦五国（Bird et al.，2008；Lindholt，2012）。这些国家的油

1 http://center. cnpc. com. cn/bk/system/2017/02/07/001632818. shtml

气资源对其国民经济增长有着不同程度的影响，各国经济对油气资源的依赖程度也不尽相同。

俄罗斯作为北极圈内出产石油和天然气的工业大国，其经济发展对于石油产业的依赖程度非常高（Locatelli，2006）。石油产业是俄罗斯的支柱产业，石油开采和加工产业的企业税费是其财政收入的主要来源，占全国税收的近一半。同时，石油产业也贡献了将近1/3的外汇收入（Locatelli，2006）。因此，石油价格的波动显著影响着俄罗斯的经济（Kopytin，2014），2015年国际石油价格的下跌直接导致俄罗斯当年的GDP增速为-3.7%（Sapkota，2015；钟传剑，2016）。2013年，俄罗斯政府制定《2020年前俄罗斯联邦北极地区发展和国家安全保障战略》，强调海上石油和天然气的重要性，并指出油气资源是发挥北极航线“黄金价值”的重要保障（Selin，2016）。目前俄罗斯已经探明了油气资源所处的地区，对油气运输系统进行了规划，并计划于2020年完成开发和建设的核心任务（韩学强，2012）。

加拿大是北极地区油气资源丰富的国家之一，油气资源生产及贸易在其国民经济中占有举足轻重的位置（Wang，2014；王春枝，2005）。据美国能源信息署2016年统计，加拿大探明石油储存量仅次于沙特阿拉伯和委内瑞拉，为1740亿桶，但其中98%以油砂形式存在（Chen，2009），开采方式分为原位开采与露天开采，各类型作业方式下的油砂开采成本较高，且有增长趋势（Xing，2007）。所以在开发成本方面，加拿大油砂与世界其他油种相较处于劣势[1]。另外，加拿大油气资源主要依靠出口，有98%的原油出口到美国，北美庞大的管道网络促使加拿大对美国的出口稳步增长。但是，油气出口地的过于单一使其石油经济发展既受益于美国，又受制于美国，所以加拿大油气生产商的原油交易按照北美标准定价，无法享受更高标准的全球石油市场价格（Zhou and Yang，2007）。且加拿大国家的环保意识高，自身的炼油企业不提炼油砂这种稠油（Chen，2009），而是交给他国提炼生产。

挪威是石油和天然气资源大国，油气出口占国家出口总额的60%以上，是挪威经济崛起的根源，也是社会福利开支的重要资金支柱（Mjøset，2011）。以2012年挪威的经济发展数据为例，石油工业的产出对整个国家GDP的贡献率高达23%，在国家出口总量中，仅石油出口的贡献就超过了总数的一

1 http://gas. in-en. com/html/gas-2453393. shtml

半（Jensen，2014；何金祥，2014）。在过去40多年里，油气资源为挪威创造了约11万亿挪威克朗的GDP，这同时也得益于高效的油气资源管理模式（Mjøset，2011；杨宗喜，2014）。挪威将北冰洋的油气资源开采利用视为国家发展的大好机遇（Hasle et al.，2009），已经在北极圈建立了自主开采油气资源的设备，成为世界上少数掌握这项技术的国家之一，挪威企业在北极地区石油资源开发和船舶海工设计建造方面经验丰富，资金和技术方面都比俄罗斯企业实力更强。目前挪威已经发现了5亿到50亿桶油当量的油气田（Knol and Arbo，2014；卢景美，2010）。而对挪威产生最大影响的是分布在挪威巴伦支海台地的油气田的发现，这是自2010年以来，北极地区新发现的最大油气田，挪威巴伦支海台地也因此成为石油开采最活跃的区域（Austvik and Moe，2016；赵喆等，2014）。

阿拉斯加石油和天然气资源丰富，油气产业是其支柱产业（Spill，2015），对该州就业和财政收入贡献最大[1]。阿拉斯加油气开采主要位于库克湾与北坡地区，但石油产量持续萎缩，已从1988年的200万桶/日以上下滑至2007年的60万桶/日左右（Houseknecht and Bird，2007）。阿拉斯加20世纪70年代建造的全长1 200千米的“穿越阿拉斯加输油管”（Trans-Alaska Pipeline），源源不断地运送石油到美国本土和世界其他地区，石油和管道运输为州政府带来了约90%的基金支出，也就是说阿拉斯加州政府的预算取决于石油支出（Resz，2016），但是现在3/4的输油管道处于空置状态，只有1/4还在运作。而且，阿拉斯加州油气资源大多自给自足，无法通过油气对外贸易创造价值，推动经济发展和改善居民生活。根据国际贸易委员会统计，2013年阿拉斯加州对外出口45.7亿美元，其中油气出口只有5 000万美元，仅占出口额的1.1%。2017年，阿拉斯加州北坡（North Slope）发现了储量约为12亿桶可采轻质油的大型油田，这是全美30年来发现的最大陆上油藏[2]。这个新发现可能会为衰败的石油工业增添新气象。

丹麦在北海有大量石油和天然气，是西欧最大的石油天然气生产国之一（Bird et al.，2008）。但是，自2014年开始的油价大幅下跌，使其不能像以前那样依赖石油和天然气收入（Gupta，2016）。丹麦在北极地区的油气资源主

1 https://news. qq. com/a/20170313/051506. html
2 http://www. cqcb. com/

要集中在格陵兰岛地区。格陵兰是丹麦的一个自治区，目前经济收入来源单一，对丹麦政府的依赖性很强（Dawes et al.，1986）。格陵兰岛的天然资源丰富，但石油、天然气、黄金和钻石等资源都埋藏在北极圈厚厚的冰层下面，开采不易[1]。近些年格陵兰岛政府为了实现经济独立和长远发展，把石油和矿业作为支柱产业加以扶持，鼓励国外矿业公司和投资机构在格陵兰岛投资石油和矿产勘查开发，希望能成为第二个阿拉斯加（Hamilton et al.，2000）。油气资源开发是格陵兰加快经济发展的希望，石油税收可以帮助格陵兰摆脱对外依赖。美国地质调查局（USGS，2000，2008）预计格陵兰岛可能成为世界上最大的未开采油田之一，能源开采将改变格陵兰岛的历史。当地政府希望通过油气资源开发加速自己的经济发展和政治独立（Dawes et al.，1986）。2010年8月，英国凯恩能源公司宣布在格陵兰岛的巴芬湾海岸附近发现了天然气和含油沙（Buzas and Hayek，2017），凯恩能源公司表示，格陵兰岛将是其未来发展的重点。同年11月格陵兰政府开始对外发放巴芬湾7大区块的许可证。日益激烈的油气勘探竞争给格陵兰岛周边环境带来了极大考验（李洁，2015）。北极油气资源虽然不是丹麦的经济命脉，但是却是隶属于丹麦的格陵兰实现经济独立的重要支柱，油气资源也是丹麦政府为绿色能源投资的经济来源（Bird et al.，2008）。

1.2.1.3 北极油气资源开发与生态环境问题

北极油气资源开发最需要关注的问题是北极自身特殊的环境问题和给生态环境带来的挑战。全球气候变暖和北极冰盖消融、海平面上升是国际社会广泛关注的问题（Knight，2009；Kerr，2009），全球增温最大地区位于北半球高纬地带（Solomon et al.，2007），北极不仅被气候变化所影响，同时它也影响着全球环境变化（Government of Canada, 2010）。大多数科学家以及公众决策者已经认识到，全球变暖主要是人类活动造成的温室效应加剧的结果（Lean and Rind，2008，2009；Foster and Rahmstorf，2011；Guemas and Doblas，2013）。据统计，北极海域二氧化碳的增多产生了升温现象，上层海水变暖以及冰层变薄导致全球海平面上升，美国科学家贝特所领导的研究小组通过卫星观测、潜艇测量等手段推测，在未来几百年内，冰层融化可能会使海平面上升

1 https://baike. baidu. com/item/%E6%A0%BC%E9%99%B5%E5%85%B0%E5%B2%9B/23598?fr=aladdin&fromtitle=%E6%A0%BC%E9%99%B5%E5%85%B0&fromid=317170

0.3 ~ 1米。

北极生态是地球上最为脆弱也是最为敏感的，其环境承载力较差，受到破坏之后的恢复速度非常缓慢（Dalby，2003；Caddell，2014）。因这种特有的环境因素，其生态系统非常容易受到油气资源勘探开发等活动的干扰和破坏。石油开采和运输等过程中的原油泄漏造成的污染是世界上重大的污染问题，北极地区若出现重大污染事件，带来的影响将更为巨大（Jonsson et al.，2010）。2010年4月20日发生在美国墨西哥湾的漏油事件，给墨西哥湾造成的影响是近乎毁灭性的，成为迄今为止美国最严重的环境污染事故（Allan et al.，2012；刘景凯，2011），并引起世界各国加强对海洋油气开发安全问题的关注。相比于墨西哥湾，北极地区原油开采过程中能见度较低（Prince et al.，2002），陆地表面覆有冰雪，溢油事故的发生几率更大，且不易被发现，又缺乏解决原油泄漏问题的相关设施，因此，一旦北极地区发生溢油事故，将比其他地区的溢油事故持续更长时间，对于北极造成的迫害是无法弥补的，甚至会对整个北极的生态系统造成毁灭性影响（Dalby，2003）。另外，油气勘探过程中使用的气枪制造的声波脉冲可能会对一些生活在北极的鲸类等哺乳动物造成不良影响（Vetrova et al.，2017）。北极生物及其构成的相对简单的食物链，对北极地区的生态环境和气候变化要求相对较高，如果其中任一环节出现问题，就会导致整个生态系统的破坏和环境的恶化，甚至造成物种的灭绝和生物多样性的减少（Becker and Pollard，2016）。因此，北极油气勘探不断受到当地原住居民以及环保组织的抗议（Nuttall，2011），这在一定程度上制约了北极油气项目的开展，相关部门和企业在制订勘探计划时必须考虑其对环境的影响。

1.2.1.4 各国北极政策对北极油气资源开发的影响

北极油气资源开发利用不仅受资源与环境协调发展的影响，各国的北极政策也与其密切相关。不仅北冰洋沿岸国家先后制定北极政策，北极域外相关国家也纷纷制定了北极政策，为开发利用北极资源做足准备。

北冰洋沿岸国家俄罗斯、加拿大、美国、丹麦和挪威纷纷出台新的北极战略和政策（Bird et al.，2008；Lindholt，2012），均将北冰洋油气勘探与开发列为重要领域，并加快油气活动的步伐。俄罗斯把北极地区作为其未来的资源战略基地（卢广新，2016），北极地区的自然资源未来将成为俄罗斯外汇的主要来源及国际原材料与能源供应基地（Locatelli，2006），对俄罗斯的复兴具有十分重要的战略影响。俄罗斯有关北极开发的最重要的政策文件主要有2008年颁布的《2020年前及更远的未来俄罗斯联邦在北极的国家政策原则》和2013年颁布的《2020年前俄罗斯联邦北极地区发展和国家安全保障战略》，这两份文件构成俄罗斯21世纪北极战略总框架（张朋飞，2015）。美国的北极政策以战略安全利益为先，同时兼顾经济利益。2013年，奥巴马政府公布了最新美国北极战略，其中就包括在北极地区开采油气矿产和增加其他形式的经济活动。美国政府根据各国在北极影响力的不断增加以及更为多变复杂的北极圈政治格局，分别出台了三部北极战略：《海岸警卫队北极战略》、《国家海洋执行计划》、《北极地区国家战略》（Showstack，2013；崔浪，2015）。加拿大在北极地区拥有大片领土，有极为重要的经济、战略利益，2009年7月，加拿大联邦政府出台了《加拿大北部战略：我们的北方、我们的遗产、我们的未来》，2010年政府又发布了《加拿大北极外交政策宣言》（Government of Canada, 2010），把维护和实施加拿大的北极主权视为其优先关注的事项（张笑一，2016）。挪威政府高度重视北极战略，欲举全国之力开发高北地区的经济潜力。丹麦由于2009年6月格陵兰岛正式获批自治权而影响了其北极利益，因此采取了谨慎克制的北极外交政策。2011年8月丹麦发布了《2011—2020年丹麦王国北极战略》，把开展北极国际合作作为其基本政策目标，将注意力集中放在北极外交行动和科学研究与考察活动上（Strategy for the Arctic 2011–2020，2014；王娟，2015）。

域外国家参与北极事务的主要有欧盟、英国和东北亚等国家。欧盟为明确其在北极的经济与政治利益，提出北极绿色开发与可持续发展的方案（Charny et al.，2010；Council of the European Union，2014；柳思思，2016；黄栋和贺之杲，2017）。英国的北极事务参与意愿逐渐增强，于2013年10月发布《应对变化：英国的北极政策》，成为第一个制定和颁布综合性北极政策文件的北极域外国家，在身份塑造、利益界定和路径选择等方面体现了其卓越的外交智慧和精湛的外交艺术，彰显了其渴望在北极事务中发挥大国影响力的政治志向（Caddell, 2014；赵宁宁，2016）。2013年10月，韩国政府公布的《2015年北极政策执行计划》，标志着韩国已将其北极战略转化为更为具体的政治、经济政策（Kim，2015；肖洋，2016）。2015年日本政府出台官方北极政策，把北极问题视为日本海洋战略的一部分，今后将围绕北极问题在外交、经济和学术科研领域采取一系列措施为日本争取更大的利益（万晓梦，2017）。

各类环境问题的存在尤其是温室气体的排放和漏油事件的发生放缓了北极油气开采活动的速度，使各国对于海洋开发的态度变得谨慎。北冰洋沿岸的大部分国家通过完善法律体系，来预防石油开发可能对环境造成的危害（Ivan et al.，1978）。加拿大和俄罗斯分别作为北极地区陆地领土最大和海岸线最长的两个国家，对于北极地区的环境保护都非常重视（Wang，2014；Selin，2016）。虽然俄罗斯北极政策随着国际形势及利益冲突发生了多次改变，但保护北极地区独有的生态环境一直是其坚持的目标（张耀，2015）。加拿大北极政策中重要的一部分是保护北极环境，并制订了一系列的规章制度在相关海域严格推行，且向多个地区提供了控制海洋污染的设备，预计2020年前不会恢复北极水域的石油勘探。美国对全球变暖、环境和气候变化等问题也进行了研究，颁布了一系列的政策，推广“保护在前开发在后”等理念（Showstack，2013；孙悦民，2014；赵宁宁等，2016）。挪威出台了《北方的新进展：挪威政府极地战略的下一步骤》，进一步强调挪威是高北地区环境与资源的长期可信的领导国和最佳主管，挪威企业相关开发活动也代表了最高程度的健康、安全和环境标准。丹麦2011年公布了未来十年的北极战略，主要目标是保持北极地区经济的可持续发展，尊重北极地区脆弱的气候环境和自然生态，丹麦在能源供给和温室气体减排方面的各项指标普遍优于许多发达国家（Bird et al.，2008；Gupta，2016）。

目前，北极地区油气资源开发已经形成了多方合作的趋势，国际间合作与交流越来越多。原因之一就是北极地区油气资源开发受自然约束的影响较大，气候和地质条件恶劣、生态系统脆弱，项目开发建设风险极大，技术和成本要求也相当苛刻，石油勘探成本巨大，对单一国家的开采提出了严格的要求（Gail，1989）。由于相关技术和资金积累薄弱，俄罗斯政府为推进北极油气资源开发，出台了一些鼓励性政策和特殊税制优惠，吸引具有强大资金和技术储备的国际合作商。另一方面，多个地区都存在国家间的领土争议问题，挪威和俄罗斯明确巴伦支海划界争议、格陵兰（丹麦）逐步放开东格陵兰盆地油气区块等，共同开发必将成为未来北极地区油气勘探开发趋势（赵喆等，2014）。勘探出更多的石油储量，开发出更多的石油产区，拓宽石油的市场来源成为绝大多数国家共同的努力目标（Schiermeier，2006）。同时，非北极国家对北极事务的关注也进一步刺激了北极地区的整体意识（Carina，2007），使北极地区从以国家为中心向以人和生态为中心转变，从原先有限、孤立的议题性合作发展到诸如环保、原住民事务、科学考察等多议题、多领域的合作。同时也积极邀请北极的原住民加入，例如，在巴伦支海欧洲-北极（地区）理事会中，原住民团体的代表会为理事会的举措提供相应的意见和建议。

1.2.2 国内研究现状

中国自1995年12月加入北极科学委员会以来，在北极科学研究中取得了巨大的进步。中国北极科考队先后进行了8次北极考察，为我国北极事业奠定了基础。2013年5月，中国被批准成为北极理事会正式观察员国，使我国开展北极活动的自由度得到了很大的提升。但是，北极理事会规定了一系列的观察员义务，同时对观察员进行定期考评，使得观察员在北极事务中“戴着镣铐起舞”（刘惠荣，2014）。全球气候变暖、技术进步和资源所在地区的政治无争议性，为北极地区油气开采提供了机遇（李浩武和童晓光，2010），2008年第33届国际地质大会上将极地地质和北极油气作为重要的议题（赵越，2008）。

1.2.2.1 北极油气资源潜力及其环境问题研究

国内学者根据USGS等相关资料（USGS，2000；USGS，2008；Oil and Gas Journal，2006），开展了北极油气资源潜力、地质成藏条件和勘探开发趋势等方面的分析。王淑兰（1994）从地质学的角度摘译了俄罗斯北极海域陆架白垩系含油气远景，王华春和郑伟（2016）分析了格陵兰油气资源潜力和勘探开发的现状与未来，估计格陵兰未来将成为重要的油气生产地区。东格陵兰盆地陆上和近海地区也是目前北极与深水油气勘探的热点地区，盆地油气成藏条件优越，油气资源潜力较大，具有较好的勘探前景（洪唯宇等，2016）。贾志坤等（2012）针对北冰洋潜在的油气资源，分析了北极地区6次重要构造运动和受构造运动影响下的充填体系类型，通过分析多套优质的烃源岩分布和储层的发育规律，证实了北冰洋地区的勘探潜力，指出北极地区油气资源勘探需要技术创新和利益协调，认为被动边缘前陆型东西伯利亚海盆地、格陵兰盆地、巴伦支海盆地以及盆地中有争议的勘探程度极低的地区有望获得大型油气田发现。赵喆等（2014）以成藏组合为单元评价了环北极11个盆地，认为待发现原油资源主要分布在俄罗斯、美国等国家，待发现天然气资源则主要分布在俄罗斯。李敏等（2011）针对环北极深水盆地是未来深水油气勘探开发重要的战略接替区，探讨了环北极深水盆地群油气地质特征及勘探潜力。白振瑞等（2011）分析了北极地区的油气资源潜力、勘探开发现状及面临的主要挑战，介绍了北极地区周边国家和重要油气消费国在北极地区的油气勘探开发动向。卢景美等（2010）针对西伯利亚的喀拉海、东巴伦支海盆地和阿拉斯加北坡盆地以及临近海域进行了勘探潜力分析，探讨了中国油气公司进入北极的策略。李浩武和童晓光（2010）从油气地质的角度得出东巴伦支海具有商业开采价值的气藏及凝析油藏的几率不是很大，东格陵兰裂谷盆地寻找断块圈闭的机会巨大。但油价的多变性、地质上的不确定性和生态的脆弱性是北极地区油气有效开发的巨大挑战，另外还有多种因素制约，如作业技术、桶油成本、勘探开发制度和生态环境等问题（冯丹等，2009；车巍，2015）。

1.2.2.2 北极油气资源战略意义及其争端问题研究

北冰洋油气资源潜力与中东地区相匹敌，已经成为俄罗斯、挪威、加拿大、丹麦（格陵兰）未来经济社会可持续发展的战略支柱（Oil and Gas Journal，2006）。岳来群（2008）从战略意义上思考，中国的北极事务应制定相应战略，划分不同阶段，确定各阶段目标，有针对性地采取措施，以确保国家利益。张侠（2009）从经济角度入手，以环北极国家的北极行政区域为统计范围，利用环北极国家2001年和2005年的官方经济统计数据，对北极地区的经济状况、资源潜力和发展趋势作了统计和初步分析。北冰洋沿岸国家和相关国家围绕北冰洋油气资源，呈现出“为我所有”与“为我所用”的战略目标之争（张侠，2010）。郭俊广等（2017）分析了俄罗斯北极海域合作开发现状，指出虽然经济和政治原因导致俄罗斯北极海域开发战略的实施困难重重，但俄罗斯仍保持对北极海域油气资源开发的热情。北极地区部分油气资源丰富的海域，存在着北极国家的划界争议。周萍（2005）讨论了俄罗斯和挪威两国巴伦支海油气资源问题，两国对巴伦支海进行的油气资源离岸勘探开发活动存在争端，但是双方通过签署合作条约提出了海上共同开发的解决方案，匡增军（2016）针对该案例进行了评析，认为其实现了跨界共同开发的发展与新突破，创设了独一无二的“联合协定”机制，为他国、地区及国际社会解决类似难题提供了现实样板与全新思路。

1.2.2.3 中国与北极国家油气资源的国际合作进展

随着中国北极事务的不断参与和深入，相继与北极国家进行交流合作，在油气能源方面的合作也逐渐升温。在目前的法律框架下，我国对北极享有一定自由开发的权利，但同时也受到了环北极国家的边缘政治环境设置的地域壁垒。在这一背景下，我国参与北极事务孤掌难鸣、备受限制。为打破这一壁垒，我国需要与北极国家积极地寻求合作（胡正跃，2009）。中国作为近北极国家，需遵循“合作与发展”的北极治理主题。虽然目前北极的治理体系并不全面和公平，但中国应同其他国家一道共同促进北极区域的体系建设，同时与近北极国家进行合作，缓解中国在北极问题上孤立的局面（刘惠荣，2016）。

俄罗斯作为中国长期战略合作的伙伴（罗佐县等，2010），其本土的多个油气公司通过交易股票和跨国并购等方式与中国的石油企业进行合作（朱磊等，2008；钱宗旗，2015；乔满平，2016）。中石油、中石化的海外油气项目急速扩张（张儒伟，2015）。与俄罗斯合作的亚马尔项目，由中国进出口银行、中国国家开发银行提供贷款，由中国石油天然气股份有限公司和中国丝路基金共同持有股权（奚源，2017）。2016年10月，中海油的“海洋石油720”物探船历时100天，完成了北极巴伦支海两个区块的勘探作业，填补了中国对北极海域三维地震勘探的空白[1]。中国和加拿大，一个是能源刚性需求巨大的石油进口大国，另一个是能源的出口大国，两国在油气开发合作方面的互补性非常强。北极地区共同的合作将有效解决两国油气合作的制约困难，实现两国经济发展的双赢（程胜等，2012）。中国利用北欧相对宽松的法律环境，以国家合作为前提进入北极进行资源开发，并与冰岛、丹麦和格陵兰岛、芬兰、挪威、瑞典五国建立了长期的友好合作关系（刘晨，2015）。与挪威、冰岛等国家开展密切学术合作，并试图在上海建立中国-北欧北极合作研究中心来促进两国交流。2013年，我国与冰岛签署了中国与欧洲国家的第一个自由贸易协议，从此我国开始积极投资北欧五国的非生物资源。我国对海洋石油资源的开发技术较为成熟，与许多国家有着战略合作，在溢油污染防治、海洋石油资源勘探等方面有着丰富的经验和雄厚的实力，中海油青岛海洋石油工程有限公司、太平洋造船集团、武船麦克德莫特海洋工程有限公司等多个中国企业都参

1 http://www. sinopecnews. com. cn/news/content/2017-07/17/content_1682600. shtml

与了北极国家相关设备模块的建造。

中国关于北极政策的《白皮书》将在相当长的一段时间内，作为中国参与北极资源开发利用的纲领性指导文件。随着亚欧大陆海上丝绸之路的开放，“一带一路”倡议为我国开发北极航道提供了机会，也为北极油气资源开发寻找了承载路线。2013年我国中远永胜轮东北航道的首次商业试航为北极航道的开发提供了经验，为我国参与北极事务提供了新途径（张侠等，2016）。中国北极事务以气候变化为核心，出于多方面的考虑，在未来相当长的一段时间内，中国会通过对北极的科学考察和气候变化的研究来维持北极事务的“基本参与权”（董跃，2012）。在北极油气资源开发利用过程中，必须找到资源开发和生态环境保护的平衡点，提倡环境保护、合作开发、地区稳定以及利益公平分配。北极油气资源对各国的发展都有很大影响，北冰洋沿岸国家借助自身的地理位置的优势一直主导北极地区的利益分配，影响了非北极国家的利益。因此，与其他非北极国家一道推进利益的公平分配，成为我国开展北极事务的重要目标。此外，北极国家和非北极国家之间的矛盾、北极国家间关于地域划分的矛盾，使中国将和平发展作为开展北极事务的第三个目标（朱宝林，2016）。

1.3 存在问题和选题意义

北极地区具有特殊的地理位置和极寒的气候条件，是气候变化最为敏感的地区之一，同时也是战略地位日益突出的区域之一。北极油气资源成为全球能源最热点问题之一，各国对其资源的争夺愈演愈烈。北极地区资源开发利用不仅对技术有较高的要求，对环境的影响也不容忽视。通过国内外现状的梳理和分析，总结存在问题如下。

（1）北极油气资源潜力及其争议。北极地区油气资源丰富，具备巨大的资源潜力，但北极大陆架等部分海域油气资源分布受北极国家划界争议影响权属未定，搁置争议合作开发成为解决问题的一种方式。这既给我国参与北极油气资源开发利用提出了挑战，同时也提供了机遇。

（2）北极国家经济发展对油气资源的依赖。北冰洋沿岸国家如俄罗斯、挪威、加拿大等以油气资源为经济支柱，并且，各国对油气资源的依赖程度各不相同，油气资源对北极国家的经济贡献尚未具体量化，油气资源生产消费与国家经济之间是否存在相关关系也未有详细的分析和对比。

（3）北极地区环境问题是目前北极资源开发必须考虑的问题。在敏感的北极地区开发利用油气资源与北极的气候和生态环境存在密切的联系。北极气候对温室气体的反映更为敏感，温室气体排放对北极气候变暖的环境影响不容忽视。在北极地区进行油气开采、加工、运输的各个环节和油气资源的消费利用，都有可能排出大量的废气和废液。并且，各国油气资源勘探开发的技术水平不一致，对保护生态环境的理念和政策也各有差别。北极各国油气资源生产消费、经济增长与温室气体排放之间是否存在一定的相关关系，尚未经过全面的、定量的具体分析。

（4）中国参与北极油气资源开发利用的需求和优劣势问题。中国是能源消费大国，对油气资源的需求比较强烈，但对北极油气资源需求、北极构架和贸易现状未有系统分析。随着中国北极政策《白皮书》的发布，以及近年中国北极地区科学考察等工作的不断开展，加之技术的不断创新，中国需要重新加强对于参与北极油气资源开发优劣势的认识。

鉴于以上的资源、争议、经济和环境问题，本书从北极油气资源潜力、开发利用的经济贡献与环境问题，以及中国需求等几个方面开展研究，从解决上述问题的角度入手，分析北极油气资源潜力、各国油气资源供需关系、经济贡献以及生态环境影响，探索我国合理利用北极油气资源的对策和国际合作方案，服务于我国决策部门和相关企业参与北极资源的开发合作过程，为国家北极政策的具体行动提供科技支撑。

1.4 研究内容和技术路线

1.4.1 研究内容

北极地区具有丰富的油气资源，中国又是油气消费大国，对外依存度较高，根据中国的北极政策指导和拓展油气进口多元化的需求，中国亟须参与北极油气资源的勘探开发和资源利用。本书根据北极地区油气资源潜力、北极各国油气资源生产消费量变化、贸易空间、经济发展、温室气体排放和环境综合压力等方面进行分析，探索北极国家留给非北极国家的参与空间，分析中国与北极国家合作的可行性和实现路径，最后运用SWOT分析方法提出中国北极油气资源国际合作方案。

（1）北极油气资源及潜力分析。针对北极地区含油气盆地的资源潜力、北极国家油气资源潜力估算进行总结，为后续国际合作做好资源潜力分析的准备。存在争议区域的油气资源问题，采用国际法分析的方法，初步探索中国参与方式。

（2）理论方法应用分析。首先对所用到的理论方法进行分类总结，从能源经济、环境影响和战略评价等三个方面按照应用需求进行梳理，为研究做好理论方法准备。

（3）北极国家油气资源供需关系及贸易空间研究。收集关于北极国家油气资源产消量和出口流向等相关数据，分析北极国家之间油气产消的空间差异，判断空间贸易流向的主要动力过程，探讨贸易流向与中国进口之间的相关关系，为后续中国与北极国家油气贸易的可能性分析打下基础。

（4）油气资源对北极国家经济贡献评价方面，借助能源生产率指标和协整模型，从终端消费的角度分析北极地区油气资源开发利用对北极国家的经济贡献。

（5）油气资源开发利用对北极环境影响方面，利用协整模型从经济发展与温室气体排放、油气资源消费与温室气体排放两个角度开展研究，分析其油气资源开发利用给北极环境与气候变化带来的影响，并判断北极各国在环境保护方面的优劣势。

（6）环境压力综合分析方面，充分考虑北极国家能源开发利用、生产、消费和环境压力之间的关系，采用推广的环境压力控制模型即STIRPAT模型，对北极国家的环境压力进行综合分析。

（7）战略和对策研究方面，基于前述经济贡献和环境评价基础，运用系统科学和协同理论等相关理论分析北极地区油气资源合理开发利用的国际机制，针对我国参与北极事务面临的各类困难和我国不占地域优势的特点，采用SWOT战略分析方法判断各国优劣势，找出其油气资源开发利用对外合作的切入方向，提出我国参与北极资源开发的国际合作路径。

1.4.2　技术路线

本研究技术路线涵盖三个主要部分，包括数据收集、模型分析和战略评价。其中，模型分析从油气资源利用的时间空间变化过程、经济贡献、环境效应三个角度进行。技术路线如图1-1所示，具体流程如下。

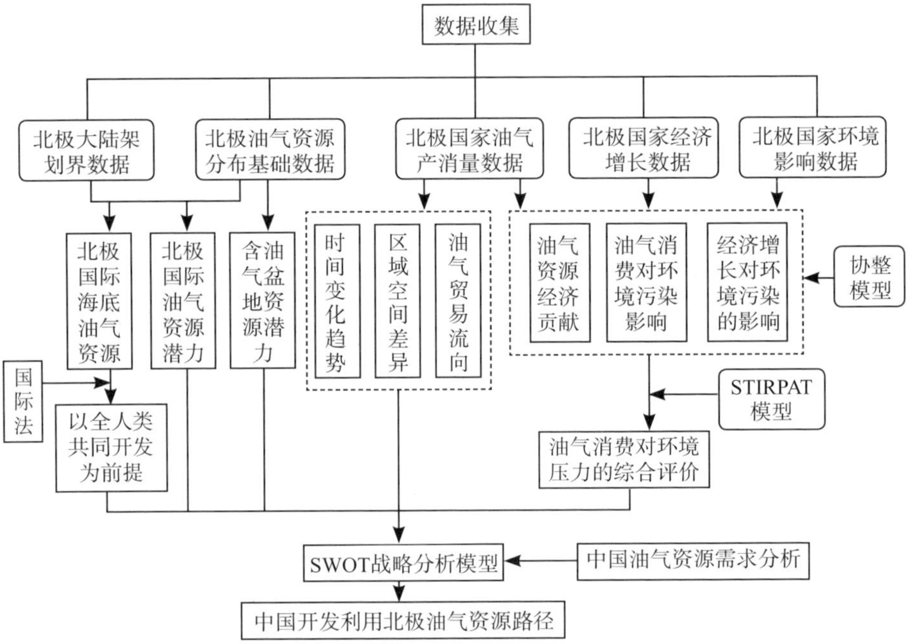

图1-1　技术路线图

（1）针对科学问题，收集北极油气资源潜力、北极国家油气产消量、经济发展、环境污染等数据，为下一步数据分析提供基础素材。

（2）针对油气产消量数据进行趋势变化、空间差异和贸易流向分析，采用能源生产率、协整理论和STIRPAT模型进行经济与环境影响分析。

①根据北极国家油气资源产消量等相关数据，分析时间变化趋势、空间差异与贸易流向，从协调发展的角度探讨北极国家留给非北极国家的参与空间。

②根据能源生产率和协整理论，分别建立ARIMA和ARDL评价模型，分析北极国家油气开发利用的经济贡献，判断各国经济对油气资源的依赖性。

③根据经济增长、油气消费和环境污染之间的长期均衡关系，利用二氧化碳和甲烷等环境污染指标，构建ARDL-ECM评价模型，分析油气资源开发利用对环境污染的影响。

④构建STIRPAT模型，对能源消费、能源强度、经济结构和环境污染之间

的关系进行综合分析，判断北极油气资源开发利用的环境压力。

（3）针对中国油气对外依存度和北极政策指导，综合上述分析结果，运用SWOT战略评价模型，提出中国参与北极油气资源开发的基本路径。

1.5 研究方法与工作量

1.5.1 研究方法

运用计量经济学、管理学、系统学、可持续发展和国际贸易等相关理论，采用多学科理论融合分析的方法，构建经济贡献、环境影响评价模型和SWOT战略评价模型，并开展了实证研究。在研究方法上，横向比较与纵向趋势相结合，定性分析与定量分析相结合，文献分析与实证研究相结合。

（1）纵向趋势与横向比较相结合。针对北极国家油气资源产消量和对外贸易情况，进行纵向发展趋势分析与横向国家间的比较分析。一方面分析其油气资源供需情况与趋势，另一方面研究其贸易流向，判断其留给非北极国家的合作空间。

（2）定性与定量分析相结合。在对北极油气资源潜力和环境影响系统梳理的基础上，运用能源生产率、协整模型和STIRPAT模型分析北极国家油气资源对经济发展的贡献、对环境污染和环境压力的综合影响，做到定性与定量分析紧密结合，使研究成果同时具备理论性和可操作性。

（3）文献分析与实证研究相结合。梳理北极油气资源勘探开发、资源潜力、经济贡献、环境影响和战略意义等方面的文献，结合北极国家经济结构与能源政策等实际情况，用SWOT分析法进行实证分析，构建四类战略组合，为中国参与北极油气资源开发利用的国际合作提出针对性的实现路径。

1.5.2 工作量

本书撰写与形成过程主要包括：收集数据资料、查阅并梳理文献、数据处理、理论和方法选择、模型构建、撰写并修改完善。

1）数据收集与整理

（1）收集并整理了北极含油气盆地潜力和资源量估算数据，数据主要来源于美国地质调查局（USGS）、中外文献资料等。

（2）收集梳理并分类分析了北极国家和中国油气资源产消量，以及二氧化碳、甲烷两种温室气体排放量等相关数据，数据主要来源于世界银行、美国能源信息管理局（EIA）、IHS能源数据库、英国BP等权威机构。

（3）收集并分类整理了北极国家人文经济相关数据，数据来源主要包括世界银行、美国商务部经济统计分析局（BEA）和ArcticStat等相关机构数据库。

2）数据分析

（1）选取北极国家和中国油气等矿产资源的产消量数据，进行时间趋势与空间差异对比分析。

（2）整理北极地区含油气盆地和北极国家资源潜力数据，分类分析已探明资源量和潜在资源量，结合北极国家行政划界分析北极国家间油气资源争议。

（3）针对收集的北极国家人文经济数据与能源消费数据，选取GDP、能源进口、能源消费等指标，分析各指标之间的相关性，并对相关指标进行数据预处理、协整检验和回归分析等。

3）模型构建与分析

（1）运用能源生产率指标构建ARIMA模型，评价北极油气资源开发对北极国家的经济贡献，映射油气资源相关技术发展程度。

（2）运用ARDL技术构建协整模型，从终端消费的角度对北极地区油气资源开发利用的经济贡献、环境污染影响进行评价。

（3）运用偏最小二乘方法构建STIRPAT模型，综合评价油气资源开发利用对北极国家带来的环境压力。

（4）构建SWOT战略评价模型，针对北极国家实际情况构建四类战略组合，为中国参与北极油气资源开发利用的国际合作提出对策路径。

4）撰写与完善

分类整理文献，完成文献综述，分析存在问题，确定研究方法，整合资料与模型结果，撰写与修改完善。

1.6 创新点

（1）针对北极油气资源开发利用的日趋可行和中国拓展能源开发渠道的需求，以中国开发利用北极油气资源战略为选题，应用计量经济学、管理学、地质学和环境科学等理论方法，实现各学科的专业性分析和学科交叉的综合分析。

（2）首次将北极国家油气资源的经济贡献和环境影响双重特性相结合，进行定量分析和区域比较，将单变量的针对性分析和多变量的综合分析充分结合，从国民生产总值的宏观角度讨论资源经济意义，从温室气体排放角度判断环境影响。

（3）基于资源、经济、环境和技术等多源信息和多方法分析结果，构建SWOT战略评价模型，提出我国参与北极油气资源开发利用的国际合作战略方向。

第2章　理论基础

2.1　能源经济理论与方法

2.1.1　能源经济理论

能源经济理论产生于20世纪70年代。当时由于发生石油危机，对经济造成比较大的影响，一些经济学家将经济学与能源相结合，产生出一种新的学科分支——能源经济学。自然界大部分能源资源都是不可持续的，而且这些有限能源与人们的多项活动都是相关的。能源资源的有限性和人类欲望的无限性呈现出矛盾关系，正是由于这种矛盾使人们普遍注意到能源与经济的发展关系（Pirog R et al.，1987）。1973年发生石油危机之后，能源对经济产生的作用引起经济领域的一些专家和学者关注，他们开始着手研究能源与经济之间的关系。研究的内容和重点主要集中于能源消费与经济增长、经济增长与能源结构、资本与劳动力的关系，能源与环境之间的均衡模型，以及技术创新研究。

柯布–道格拉斯生产函数（Cobb-Douglas Production Function，C-D函数）在能源经济学与计量经济学中应用比较广泛。Rashe（1977）等人首次引用C-D函数研究能源利用与经济增长之间的关系。Kraft等（1978）利用协整分析理论，分析美国1947—1974年的相关数据，并实证了美国的能源消费与经济增长之间存在单向的因果关系。Pindyck（1977）认为煤炭是弹性最大的能源，而电力则比较低，石油、煤炭和电力具有相同的用途。Asafu-Adjaye（2000）论证了泰国、菲律宾的能源利用与经济增长之间存在双向因果关系，印度尼西亚和印度的能源消费与经济增长之间存在单向因果关系。Sandrine（2006）等分析了12个欧洲国家不同时期的石油价格与GDP的关系，多数认为欧洲国家的石油价格和GDP之间的协整关系不对称。Soytas和Sari（2003）实证研究了16个国家的能源消费与经济增长之间的关系（曹青青，2015）。自20世纪80年代起，我国开始研究能源对经济的作用，结果表明当时我国的能源开采量和储量根本满足不了经济发展的需要，严重阻碍了我国经济的快速发展。过启渊和吕秋凉（1988）指出能源是保证经济增长的重要方面，能源跟国民经济增长之间存在着必然联系，并对这些密切联系进行了分析。一般情况下，能源消费系数能够很好地反应国民生产总值年增长率和能源消费增长率之间的比例关系。林伯强（2001）研究得出我国能源消费总量、能源价格与经济增长之间存在长期均衡关系。师博（2007）认为由于长期的经济增长导致能源消费增长，并认为需要将产业结构的影响考虑在内。吕钦（2013）研究了我国能源消费、能源结构与经济增长的关系，认为能源消费对经济增长存在正效应，也是促进经济增长的格兰杰原因。总结能源经济问题的研究可以发现，重点研究对象是经济增长、环境污染和能源消费的相互关系（刘超，2016）。

2.1.2　能源生产率

能源生产率（Energy Productivity）的概念，要从生产率的概念说起。生产率通常是指产出量与投入量的比值（Patterson，1996；Richard et al.，1999；张弛，2016）。具体来说，能源生产率是指在一定时间内所创造的价值与所对应投入系统的能源总量的比率。根据其定义，可用投入的某项能源计算的生产率，表示为经济产出与能源投入的比值。能源生产率可用来衡量能源消耗利用效率。能源生产率属于能源经济效率指标，其倒数值即为能源强度。因此，能源生产率与能源强度（Energy Intensity）指标呈反比关系：能源强度越大，则能源生产率越小；能源强度越小，则能源生产率越大。能源经济效率主要指依据其他要素资源成本来分析是否以及在多大程度上具有潜在的能源值得去节约。能源强度指标是指单位产值能耗（单位GDP能耗），能源生产率指标是指单位能耗的经济效益，可用来衡量能源消耗利用效率。

能源生产率状况及其对能源消费量的重要影响而引起了国内外理论界的广泛关注（王学文，2012）。按照投入要素的种类，生产率可以拓展为单要素生产率和多要素生产率。单要素生产率是指某种投入的要素与总产出之间的关系（李琛，2000）。根据能源生产率定义，其测算值可描述为单位能源投入数量可带来的GDP变化，这里采用单要素的能源生产率，多数文献将其界定为$EP=Y/E$（其中，EP为能源生产率，Y为总产出，E为能源投入）。能源投入是指在一定时间内投入运营系统的能源总量（水、电、油等，单位分别为吨、度、立方米），总产出一般用GDP表示，GDP将产出按照市场价格计算，能源投入一般按照传统的热量单位计算。因此，能源生产率测算公式为：

$$EP = GDP/E \qquad (2-1)$$

其中，*E*表示能源投入量、*GDP*表示国内生产总值，等式左边*EP*表示能源生产率，其倒数形式称为能源强度。

我国已成为世界上最大的能源生产国和消费国，在经济快速发展的同时，资源环境压力逐渐增加。作为能源消耗大国，提高能源使用效率，降低排放已成为保障能源安全的重要目标。提高能源效率，实施有效的节能减排策略成为当务之急。从理论分析与经验研究角度考虑，对于能源生产率的研究，大多需要分析何种因素对于能源生产率的提高产生了多大程度的贡献。一般认为能源生产率的变化主要源自于技术变化与结构变化，而普遍认为技术是带来能源生产率提高的重要因素（Fisher et al.，2004；赵月等，2016；齐志新和陈文颖，2006）。能源生产率提高也是能源利用从高消耗领域向低消耗领域转移（Fisher et al.，2004；王玉潜，2003）。要注意的是，开放条件下，技术变化不仅来自本国内部的创新，也可能受益于外商在本国投资所带来的先进技术、知识和管理经验的转移。高振宇等（2006）等利用能源生产率指标通过聚类分析将各省划分为能源高效区、中效区和低效区三类，并利用面板数据计量分析了经济发展水平、产业结构、投资情况以及能源价格等因素对能源生产率的影响。宋旭光等（2010）应用Shift-Share方法对近年来中国能源生产率变动状况在地区和产业层次上进行要素分解。Elliot（2013）研究了我国城市外商投资对能源生产率的影响，认为外商直接投资可以提高能源效率，Sbia（2014）也认为外商直接投资可以节约能源。这些研究的共同点是认为技术对能源发挥作用是无条件的，本国的技术创新依赖于本国的创新能力，对于能源生产率起到提高的作用。内生经济增长理论也将人力资本视为推动创新增长的重要推动力，进而作为能源生产率提高的重要动力。

2.1.3 协整理论

Engle和Granger（1978）首先提出来的协整理论为非平稳序列的建模回归提供了可能，解决了经典回归分析方法要求数据序列平稳的限制。协整理论可以刻画几个非平稳的时间序列之间存在的一种长期稳定关系，即对于单个序列来说可能是非平稳的，而多个时间序列的线性组合却有可能是平稳的，这种平稳关系对分析变量之间的稳定的经济规律具有定量意义。依据经济理论可以初步判断某两个变量应该是协整的，利用协整理论就可以确切地做出判断。协整理论能够避免伪回归（Granger and Newbold，1974），并可以判断数据序列间的长期均衡关系和短期波动关系。长期均衡关系就是指两个时间序列共同漂移的方式。短期波动关系是指 y_t 对长期趋势的偏离 Δy_t 与 x_t 对长期趋势的偏离 Δx_t 之间的关系，误差修正模型能同时考虑变量之间长期均衡关系和短期波动关系。

协整理论一般用来解决能源消费与经济增长、能源消费与碳排放等关系的研究。首先需要检验数据的平稳性，然后再进行协整检验，在此基础上建立长期均衡关系与误差修正模型，最后可以选择进行因果关系检验。我国经济领域对协整理论的应用包括中国季度宏观经济计量协整模型研究（朱运法和张延群，1998）、居民消费与GDP的误差修正模型（朱江等，2003），以及在金融货币领域应用的我国货币需求误差修正模型（关山燕等，2001）。马超群等（2004）分析了GDP与能源消费结构之间的协整关系，建立了具有误差修正项的长期均衡方程。在江苏省资源利用与经济增长间关系研究中，采用的是ARDL方法，分析二者稳定的长期均衡关系和单向格兰杰因果关系（王远等，2010）。中国能源消费结构与经济增长之间的相互关系研究采用的是ARDL模型（李国璋等，2010），表明推行适宜的节能减排政策不会阻滞我国的经济增长。

2.1.3.1　平稳性检验

单位根检验是检验序列平稳性的数理方法，其中，ADF检验和PP检验是最常用的单位根检验方法，而KPSS检验和NP检验比较适用于小样本检验。

ADF单位根检验模型的滞后阶数，一般由赤池信息准则（AIC）或施瓦茨信息准则（SIC）确定。ADF单位根检验的原假设是存在单位根，如果得到的ADF统计量小于给定显著水平下的ADF临界值，则拒绝原假设，表明不存在单位根，时间序列平稳；否则，存在单位根，时间序列非平稳。

NP单位根检验是为解决PP检验水平扭曲严重的问题而提出来的，采用修正的赤池信息准则（MAIC）确定最优滞后阶数。NP单位根检验的原假设是存在单位根，如果得到的MZa统计量小于给定显著水平下的临界值，则拒绝原假设，表明不存在单位根，时间序列平稳；否则，存在单位根，时间序列非平稳。KPSS单位根检验与ADF和NP检验不同，其原假设为序列是平稳或趋势平稳的，当检验统计量值大于临界值时，接受原假设，说明原序列平稳。

2.1.3.2 协整检验

一般在时间序列的回归中，建模前对变量进行协整检验，若存在协整关系，则所建立的回归模型就可以避免伪回归。对时间序列变量进行协整关系检验时，Johansen方法是最常用的方法（Johansen，1988）。Johansen检验前提是数据存在一个向量自回归（VAR）的表示形式，在检验变量之间协整关系是否存在的同时还能确定出协整向量的个数。在样本量较小的情况下，Johansen法的检验值往往出现偏误，导致得到的协整关系不可靠。而自回归分布滞后模型（ARDL）方法可以克服上述局限，适合小样本且足够稳健。

由Pesaran、Shin和Smith（PSS）提出的边界检验技术和ARDL协整方法能确保小样本情况下协整检验的稳健性，而且ARDL模型通过变换得到误差修正模型，可以反映出短期波动中偏离长期均衡关系的程度。另外，该方法对于回归变量是纯粹的零阶单整或一阶单整或零阶单整和一阶单整的混合均适用，但当序列的单整阶数远远高于1时，可以认定为对协整关系是否存在F统计量的判断将失效。当解释变量是内生变量时，ARDL模型的估计也很稳健。

在进行模型估计前，首先对序列进行平稳性检验，确定时间序列变量的单整阶数不超过1后，即可使用边限检验法确定变量之间是否存在长期协整关系。

设因变量为y_t，$x_1, x_2, \ldots, x_k$为k个解释变量，一般的ARDL$(p, q_{1,} \ldots q_k)$模型如下式：

$$y_t = a_0 + a_1 t + \sum_{i=1}^{p} \psi_i y_{t-i} + \sum_{j=1}^{k} \sum_{l_j=0}^{q_j} \beta_{j,l_j} x_{j,t-l_j} + \varepsilon_t \qquad (2\text{-}2)$$

式中，ε_t为一白噪声过程，t表示趋势项，p为因变量的滞后阶数，q_j为第j个解释变量x_j的滞后阶数，没有滞后阶时取为0，无滞后阶的解释变量称为静态解释变量，有滞后阶的解释变量称为动态解释变量。估计式（2-2），最优滞后阶数可以通过标准信息准则（AIC或SIC）确定。对于年度序列数据，Pesaran和Shin建议最大滞后阶数选为2。公式（2-2）模型可以分解为与其一一对应的条件误差修正（CEC）模型，如式（2-3）所示，PSS（2001）证明了该模型和VAR模型分解得到的CEC模型一致（Pesaran et al.，2001），式（2-3）也可以改写为式（2-4）。

$$\Delta y_t = a_0 + a_1 t - \psi(L) y_{t-1} + \sum_{j=1}^{k} \beta_j(L) x_{j,t-1} + \left(\tilde{\psi}^*(L)\Delta y_{t-1} + \sum_{j=1}^{k} \tilde{\beta}_j(L)\Delta x_{j,t-1} \right) + \sum_{j=1}^{k} \beta_j(L)\Delta x_{j,t} + \varepsilon_t \quad (2-3)$$

$$\Delta y_t = a_0 + a_1 t - \psi(L) ECM_{t-1} + \left(\tilde{\psi}^*(L)\Delta y_{t-1} + \sum_{j=1}^{k} \tilde{\beta}_j(L)\Delta x_{j,t-1} \right) + \sum_{j=1}^{k} \beta_j(L)\Delta x_{j,t} + \varepsilon_t \quad (2-4)$$

其中，ECM_{t-1}是滞后误差修正因子，当$t-1$时刻y_t大于长期均衡时，ECM_{t-1}为正，$-\Psi(L)ECM_{t-1}$为负，使Δy_t减少，向y_t均衡趋近。$\Psi(L)$代表自我修正速度，一般情况下有$0<\Psi(L)<1$。

这里的边界协整检验，是通过检验CEC模型中滞后一阶水平变量的联合显著性来检验协整关系的，所以该检验为一个标准的F检验或者Wald检验，将计算出的F值与PSS提供的边界临界值进行比较，判断是否存在长期协整关系。PSS给出了针对不同自变量个数、是否包含截距项和时间趋势项、不同显著性水平下的上下限临界值，其中上临界值是假设所有变量是一阶单整，下临界值是假设所有变量是零阶单整。若F统计量小于下临界值，则接受原假设，认为变量间不存在长期协整关系；若大于上临界值，则拒绝原假设，变量间存在长期协整关系；当介于上下临界值之间时，则需要根据序列的单整阶数进行判断。

2.2 环境影响评价理论与方法

2.2.1 能源消费与环境关系相关理论

能源生产和消费在带来经济增长的同时，也会带来一定程度的环境污染，经济发展需要建立在环境可持续发展的基础之上，北极地区的特殊性更能体现出能源如油气资源与经济和环境系统相互关系的重要性。研究油气资源消费与环境污染相互作用的理论要从能源投入和污染产出的角度考虑。Nekrasov（1993）的分析表明能源和环境都是经济发展的重要决定因素，只有改变经济发展结构才能真正提高环境质量。Hawdon和Pearson（1995）采用投入–产出模型，引入了欧洲硫沉积向量、污染物排放系数等变量，研究其能源与环境之间的相互关系。Han和Chatterjee（1997）等分析了能源生产结构变化对发展中国家碳排放量的影响，表明只有提高能源效率以及转变经济增长方式才能减少环境污染。

英国经济学家Alfred Marshall在1890年出版的《经济学原理》一书解释了正外部效应和负外部效应，其中负外部效应是指带来的不利影响，方法模型主要是通过EKC模型（Kuznets，1962）。这里所说的负外部效应主要是从经济增长与环境污染关系的角度分析，讨论环境污染影响主要从温室气体排放的角度考虑。Beckerman（1992）等学者认为经济增长其实是保护环境的有效手段，虽然在经济发展的早期自然环境会受到破坏，但是当经济发展达到一定程度环境将会得到改善。Kuznets关于经济增长与收入分配的研究方法被广泛应用，并定义为EKC模型，可以检验经济增长与环境之间是否存在倒U型曲线的关系。Grossman和Krueger（1991）分析了66个国家12年的经济发展状况与环境污染变化，表明变化曲线为倒U型，即环境污染程度随人均GDP增长先持续增长，达到峰值后逐渐下降。Panayotou（1993）分析了经济发展的不同阶段对环境的恶化程度。

2.2.2 环境压力控制模型方法

20世纪70年代初，在环境质量不断恶化的背景下，Ehrlich和Holdren最先提出IPAT等式，即环境压力控制模型（Ehrlich and Holdren，1971），认为环境压力（I）是人口（P）、富裕（A）与技术（T）三个关键作用因素的乘积，即环境压力的产生是这三个因素共同作用的结果，即$I = P \cdot A \cdot T$，即在假定其他因素不变的情况下，研究P、A、T的影响。这个方程式说明的是经济增长与资源环境二者之间的相互作用关系，并认为人口和收入对环境产生的影响都可以通过技术进步来补偿，从而来减轻环境压力（Ehrlich and Holdren，1971；翟嫚嫚，2016）。

但是，在不同的地区，由于发展情况以及生活方式等因素的不同，各个变量对环境压力所造成的权重也是不同的，例如在部分发达国家，人均财富和技术水平可能是造成CO_2排放量波动的主要指标，而在欠发达的地区，人口是研究环境压力不可忽略的指标，而IPAT模型对于各因素同比例产生影响的假设忽略了人类活动的复杂性（钟兴菊等，2016）。基于此，Dietz和Rosa

在IPAT模型的基础上引入随机误差项，构建了STIRPAT（Stochastic Impacts by Regression on Population, Affluence, and Technology）模型, 其定义式为：

$$I = aP^{b} A^{c} T^{d} e \qquad (2-5)$$

其中I、P、A、T分别表示环境压力、人口数量、人均财富和技术，e作为误差项，a为模型参数，b、c、d代表各影响因素的指数（Dietz et al.，1994）。STIRPAT模型在保留了IPAT模型（即a=b=c=d=e=1）的基础上，通过对各个变量的参数进行估计来解释各因素对环境压力造成的影响。在多因素解释环境压力的同时可以对单个因素的作用进行分析，突破了IPAT模型中由于单位弹性所带来的局限性（吴英姿等，2014）。为了减少数据异方差的影响，对STIRPAT模型取自然对数，得到：

$$\ln I = \ln a + b(\ln P) + c(\ln A) + d(\ln T) + \ln e \qquad (2-6)$$

2.2.3　可持续发展理论

20世纪60年代，人们在面对由城镇化、人口和经济增长、能源消费等所造成的环境压力时，开始怀疑并讨论了增长等于发展的模式。1962年，美国女生物学家莱切尔·卡逊（Rachel Carson，1962）发表的《寂静的春天》，作为环境科普著作在全球引起了很大的轰动，这是人们首次开始关注环境问题的标志，在世界范围内引起了人类关于发展的思想碰撞。后来，Ward和Dubos（1972）在其著作《只有一个地球》中论述人类对环境状况和生存条件的认识提升到了可持续发展的新境界。20世纪80年代，由世界环境与发展委员会主席布伦特兰夫人的报告《我们共同的未来》中首先提出，可持续发展是既满足当代人的需求，而又不危及后代人满足其生存与发展需求的发展。这种理念得到了当今国际环境下各国的普遍认同。简言之，就是实现人口、资源还有环境的全面协调可持续的发展。这是一个和谐统一的系统，既要发展经济，推动社会的进步，也要保护人类生存的空间（黄潇涛，2015）。可持续发展的核心是发展，不仅重视发展的数量，更强调发展的质量，要在"保持自然资源的质量及其提供服务的前提下，使经济的净利益达到最大"。要实现具有可持续意义上的经济增长，就必须改进资源开发和使用方式，提高资源利用效率，促进增长方式由粗放型向集约型转变，实现废弃物的减量化、资源化和无害化，减少单位经济发展所产生的环境压力。也就是说，具有可持续性的经济发展是以不降低环境质量、不破坏自然资源为基础的经济发展。可持续发展战略既是一种经济发展战略，又是一种环境保护战略，其核心思想是实现经济发展与环境保护的“二者兼得”（丁锋，2007）。在北极地区进行油气资源勘探开发的过程中，也要考虑到资源开发对大气、森林、海洋、生物等自然圈层还有对其他资源开发所带来的影响，使北极地区的社会经济与自然环境得以协调发展，既要开采北极地区的石油资源，也要维护北极地区损坏后不易恢复的脆弱的生态环境（Roger，2002）。

2.3 战略评价的理论基础

2.3.1 系统科学与协同学理论

系统科学在20世纪40年代以后迅速发展起来，是横跨各学科的新科学，它从系统的角度去分析客观世界，研究系统的结构与功能关系、演化和调控规律，为人类认识和改造世界提供科学的理论和方法，是一门新兴的综合性、交叉性学科（许国志，2000）。逐渐发展成为现代系统论，成为一门涵盖系统学理论、系统方法学及系统工程学的从理论方法到应用的、完善的系统科学体系。它从系统和整体的角度，以不同领域的复杂系统为研究对象，探讨其性质和演化规律，目的是揭示各种系统的共性以及演化过程中所遵循的共同规律，发展优化和调控系统的方法，并进而为系统科学在科学技术、社会、经济、军事、生物等领域的应用提供理论依据（Churchill and Ulfstein，1992）。

协同学（Syengreitcs）是20世纪70年代初由前联邦德国理论物理学家赫尔曼·哈肯创立的（Hermann，2013），是研究各种不同的系统在变化过程中所遵循的共同规律的科学。它以现代最新科学理论为基础，结合统计学和动力学建立了一套数学模型和处理方法，来描述各种系统和运动现象中从无序到有序转变的共同规律。协同学的主要任务是处理由许多子系统组成的系统，不同系统的子系统可以是性质十分不同的。哈肯将协同学视为一门横断科学，主要研究子系统间互相合作以产生宏观空间结构、时间结构或功能结构的相互作用方式（姜璐等，1986）。

油气资源战略评价具有较强的系统性和协同性特征。油气资源为人们生活提供基本能源，发挥的作用渗透到人类社会各个不同领域，构成一个复杂的巨大系统，因此，油气资源战略评价是整个系统相互协调的问题。首先是能源资源与经济协调互动，通过改变低效粗放型的经济生产方式，充分利用有限的油气资源来发展区域经济。其次是能源资源与环境协调平衡，生态环境保护不能靠低水平的能源使用效率，区域能源经济发展的同时需要提高生态环境质量，能源资源的开发与经济环境稳定将是协调共存的（王飞，2013）。油气资源系统协调发展主要包括两方面，即子系统内部协调与子系统之间的协调发展。通过产业结构调整、高新技术开发应用、合理布局、适度控制人口、清洁生产与文明消费等方式，节约资源并减少废物排放，具有十分重要的意义。在合理合法参与北极油气资源开发利用的战略评价中，运用系统科学和协同学原理，综合考虑中国参与北极国家油气资源战略实施的总体环境以及所处的经济社会发展环境，探讨油气资源与经济环境系统协调的演化规律，促进其有序发展。

2.3.2 SWOT评价模型理论

SWOT分析法由哈佛商学院的肯尼思·安德鲁斯于1971年在其著作《公司战略概念》中首次提出，是战略管理过程中被广泛使用的一种分析技术（Andrews，1971）。SWOT分析法又称为态势分析法，也称波士顿矩阵，是通过一种特定的分析思路，较客观而又准确地分析研究单位或部门的现实情况并确立合理的战略方向的方法（刘匡，2013）。主要通过确认组织或部门当前战略与自身内部优劣势之间的关系，把握和处理外部环境变化，为制定战略做出全面分析。

SWOT分别是Strengths（优势）、Weaknesses（劣势）、Opportunities（机会）、Threats（威胁）四个单词的首字母。其中，S（Strengths）是内部优势，指研究对象自身的某些特定因素，相较于其他同类事物在发展过程中具有优势；W（Weakness）表示内部缺点，即研究对象自身的某些缺点或不足，对其发展具有一定程度的不利影响；O（Opportunities）表示外部机遇，指外部环境中某些有利因素，可以为研究对象提供有利条件促进其发展；T（Threats）是外部威胁，即外部环境对研究对象带来的各种威胁和挑战，也包括来自外部的竞争等（刘匡，2013；孙凯和王晨光，2014）。根据SWOT方法特点，可将其分为内部优势、劣势（SW）和外部机会、威胁（OT）两部分。

SW主要是对内因，即对自身存在的优势和不足的分析；而OT则主要强调外因，即外部环境及其变化对研究对象可能产生的有利或者不利影响（孙凯和王晨光，2014）。

SWOT战略分析时，首先应通过对内部条件和外部环境的系统分析，将与研究对象相关的优势、劣势、机会和威胁等因素列举出来并按照一定的顺序排列，那些最重要、最直接或者最迫切的因素排在前列，那些相对次要、间接或者不紧急的因素排在后面。然后根据系统分析将各种因素互相匹配，如图2-1所示，分析得到优势-机会（SO，增长型战略）、优势-威胁（ST，多元型战略）、劣势-机会（WO，开拓型战略）、劣势-威胁（WT，防御型战略）四个组合（见表2-1）。最后，全面客观地评价研究对象的综合情况，并根据评价结果制定相应的战略。

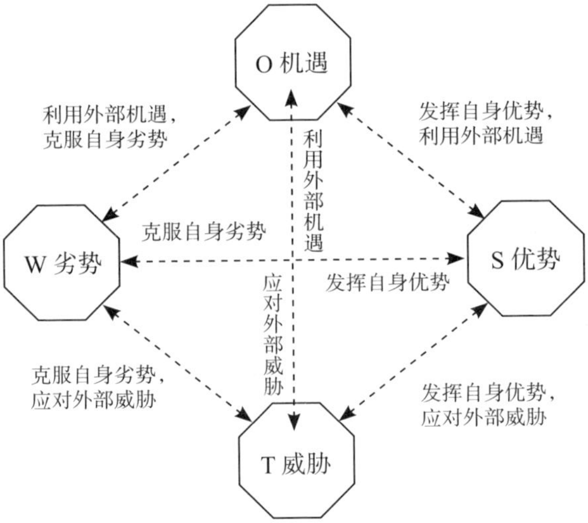

图2-1 SWOT分析过程图

表2-1 SWOT战略矩阵

内部环境 外部环境	S（优势）	W(劣势)
O（机会）	SO 增长型战略	WO 开拓型战略
T（威胁）	ST 多元型战略	WT 防御型战略

2.4　小结

本书所要探讨的北极油气资源利用问题，涉及能源与经济、能源与环境等相关问题。因此，本章尝试从北极油气资源的特征出发，采用能源经济理论中的方法，从能源与经济关系、能源与环境等两个方面构建其评价维度，并通过梳理这几个维度的理论和方法，作为评价的理论支撑。根据北极油气资源勘探开发的基本原则和政策制定方向，从油气资源开发利用的主要内容出发，分析北极地区油气资源开发利用路径探索的理论和方法，形成理论基础框架。

第3章　北极地区油气资源及潜力

3.1　北极的自然地理

3.1.1　北极地区

地理上，北极地区一般是指以北极点为中心，位于北极圈以北的区域，即北纬66°34′以北的广大区域，总面积2 100万平方千米（郭培清，2009），约占地球总面积的4%，其中陆地和海域的面积之比为8∶13.1（John，2009）。作为地球上地理位置最靠北的地区，为亚、欧、北美三大地区所环抱，近于半封闭，主要包括北冰洋水域及其岛屿、北美大陆和欧亚大陆的永久冻土区北部边缘地带（陆俊元，2010），北冰洋仅为全球海洋面积的4.1%，但占北极地区总面积的60%，是一片浮冰覆盖的海洋。

北极海域包括北冰洋主体区域及其附属边缘海，主要有格陵兰海、挪威海、巴伦支海、伯朝拉海、喀拉海、拉普捷夫海、东西伯利亚海、楚科奇海、波佛特海和白令海等，其绝大部分水域都在北极圈以北。北冰洋南部外缘也存在大量星罗棋布的岛屿岬角，这些岛群北端构成了北冰洋中心区域与其南部附属子海域的天然分界线，岛群南翼边沿则是北极海域整体与外部太平洋、大西洋海域之间的分界线（章成，2017）。对北冰洋来说，狭窄的白令海峡是其与外围太平洋联通的唯一通道，在北美方向，与大西洋之间的联通也需要经过加拿大北极群岛及其与格陵兰岛之间的若干岬角、狭长的海峡、海湾，有“圣杯”之称的“西北航道”就穿过这里（章成，2012）。这些边缘海、海峡和海湾未来将是北极航运的咽喉要道和通向三大洲的捷径。在欧洲方向，通过格陵兰—扬马延群岛—斯匹茨卑尔根群岛一线相互衔接的巴伦支海—挪威海一带较为宽阔（章成，2013）。

3.1.2　北极国家

北极地区行政疆域划分一般按照最常用的“北极圈线划分法”，把拥有北极海域领海的俄罗斯、加拿大、丹麦、美国和挪威5个国家称为“北极五国”（Arctic Five, A5）。瑞典、芬兰和冰岛也拥有北极圈线内的领土，它们加上北极五国统称为“北极八国”（Arctic Eight, A8）（章成，2014）。因这些国家环绕在北极周边，又有“环北极国家”（Arctic Circum Polar States）之称，简称为“北极国家”（Arctic States）（章成，2016），如图3-1所示。美国、俄罗斯、加拿大、丹麦（格陵兰）和挪威拥有直接面向北冰洋主体区域的海岸线，因此这五国又被视为是北极国家群体中的“核心五国”，它们在北极问题特别是北极海域的大陆架划界问题上拥有比其他三国更大的话语优势。

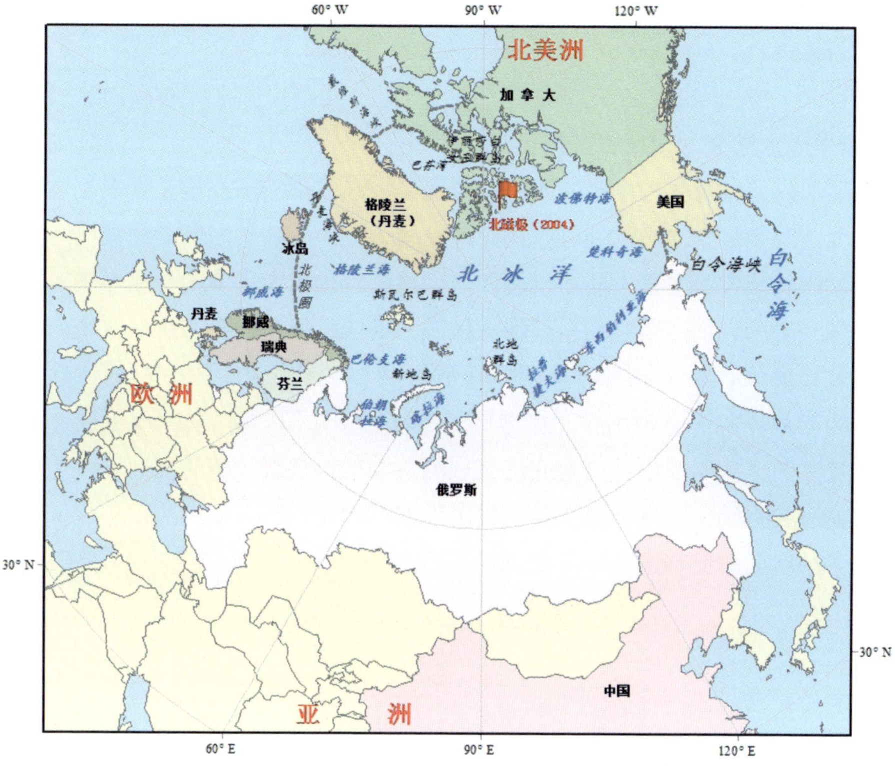

图3-1　北极地区与北极国家示意图

（资料来自http://openstreetmapdata.com/，有修改）

3.1.3　北极划界问题

北极地区海洋权益争端的显著特点之一是200海里以外大陆架问题。北冰洋大陆架划界问题，不仅包括环北冰洋国家大陆架主张相互重叠，也直接影响北冰洋国际海底区域的范围（朱瑛，2012）。从大陆架制度来看，北极国家大陆架以外的海床、洋底及其底土属于国际海底区域，北冰洋沿海国家专属经济区以外的海域是公海，国际海底区域和公海属于全人类共有（张海文和李海清，2006）。但是，北极国家却并没有真正实现共享，而是采取对内斗争、对外封锁的措施，将北极的权益之争限定在环北极国家之间。北冰洋沿岸国纷纷向大陆架界限委员会（以下简称“委员会”）提交或明确表示将提交关于其200海里之外大陆架的划界案，形成沿海国的国家管辖海域与属于“人类共同继承财产”的国际海底区域［《联合国海洋法公约》（United Nations Convention On the Law of the Sea, 简称UNCLOS）称之为“区域”］之间的“划界”（Prescott et al.，1985）。并且，北冰洋沿岸国之间对面向北极点的200海里外大陆架的权属也各持己见，相持不下。如图3-2所示，北冰洋200海里大陆架权属以及各国主张的领海和专属经济区，由英国杜伦大学根据北极各国向大陆架委员会提交的划界申请整理发布，按照大陆架制度的北极国际海底区域，因北极各国主张不同而仅剩部分区域，且加拿大、美国专属经济区存在重叠区，美国、俄罗斯存在东部特殊区域，挪威、俄罗斯存在特殊区域。

北极地区存在海域大陆架划界问题的根本原因在于，UNCLOS体系下有关大陆架划界的法律规则在北极地区无条件直接适用。有关200海里外大陆架划界规则的全新制度设计以及北极区域的法制架构现状，使北极地区成为国际法规的一大盲区，客观上为少数北极国家假借UNCLOS大幅“圈占”北极公地提供了制度上的便利。

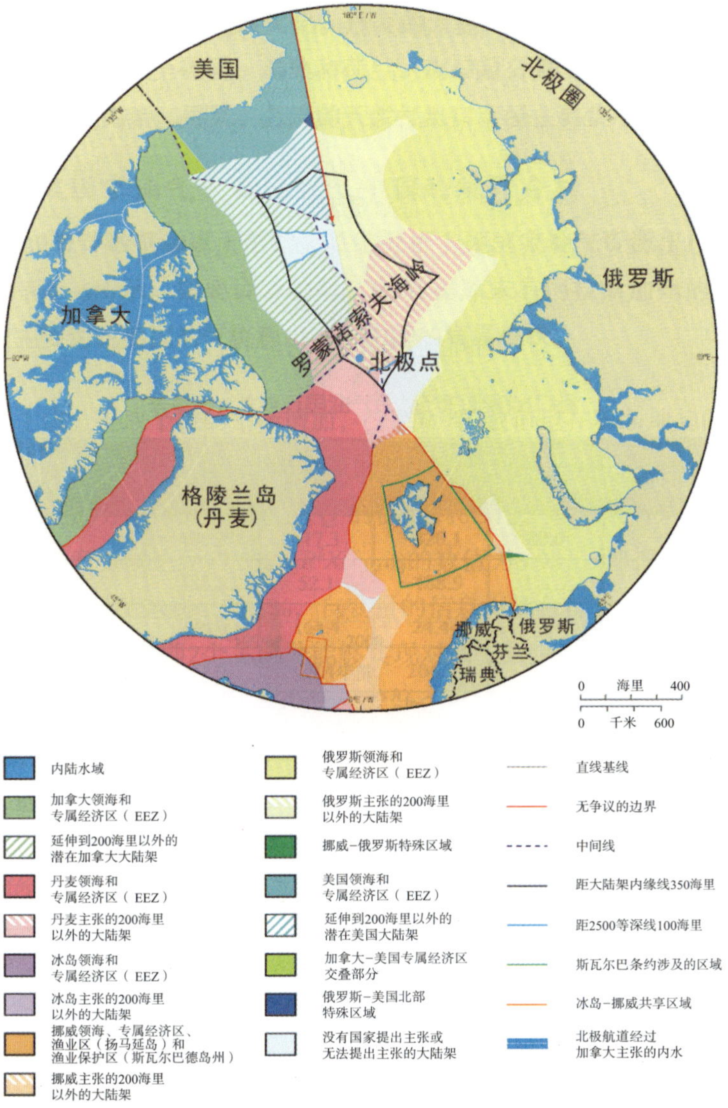

图3-2 北冰洋200海里大陆架权属以及各国主张的领海和专属经济区

（资料来自https://www.dur.ac.uk/ibru/research/maps/，有修改）

3.2 北极地区油气资源分布与潜力分析

北极地区已探明的原油储量约为2 150亿桶，累计开采843亿桶，年产量占全球1/10；天然气55.6万亿立方米，年产量约占全球1/4（AMAP，2007；IHS Incorporated, 2007；张侠等，2010）。2008年，美国地质调查局（USGS）针对北极含油气盆地进行了较为全面的资源评价，见图3-3。结果显示，北极

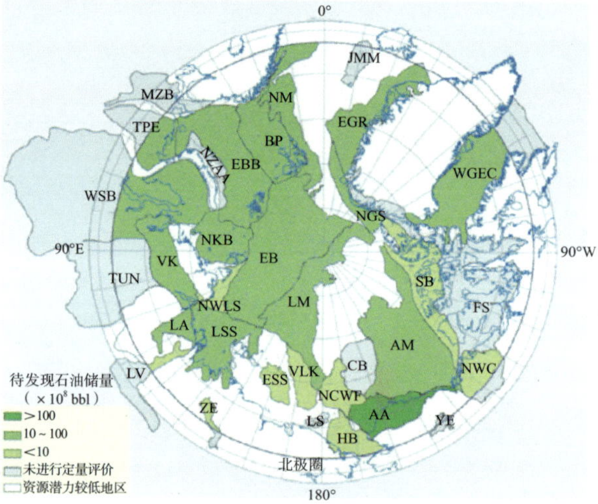

（a）石油

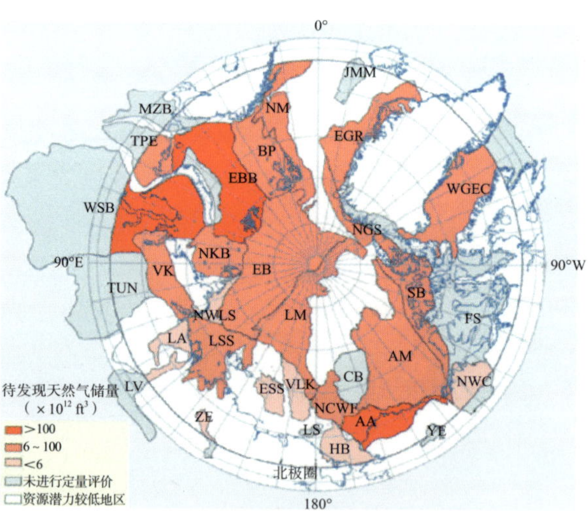

（b）天然气

图3-3 北极地区待发现油气资源分布
（据USGS，2008，有修改）

地区的待发现油气资源丰富，在不考虑非常规资源（如煤层气、天然气水合物、油页岩和油砂）的情况下，石油和天然气资源量分别占世界总量的13%和30%，具体数据如表3-1所示。据IHS能源公司估计，未完全探明、可用现有技术开发的常规油气资源总量约为4 120亿桶油当量，其中石油储量大约为900亿桶，天然气为47.3万亿立方米，天然气液为440亿桶。这些油气资源有85%分布在海域，甚至包括永久冰盖和海底以下存在的所有油气资源，在不考虑勘探开发经济因素的条件下，可以利用现有技术条件进行开发。资源量的巨大和开采条件的日益成熟，足以引起世界各国的重视甚至争夺。

表3-1　北极待发现油气资源含量（据USGS，2008）

资源	含量
石油	900亿桶油当量
天然气	47.3万亿立方米
天然气液	440亿桶油当量
油气资源总量	4 120亿桶油当量

沉积盆地是油气生成、运移和聚集的地质基础条件。在USGS定量评价的25个盆地（地质区）（见表3-2）中，根据现有石油分布特征，北极地区可以划分出 11个含油气省（黄子惺，2010），不同的含油气省勘查程度及资源储量具有很大差别。赵喆等（2014）以含油气盆地储集层为核心，按照成藏组合五大划分原则，以成藏组合为基本评价单元，利用油气田发现过程评价方法对北极圈内11个主要含油气盆地进行了待发现资源量估算，如图3-4所示。北极待发现原油资源量149亿吨（包含凝析油40亿吨），待发现天然气资源量46万亿立方米。目前，北极油气勘探开发主要集中在阿拉斯加北坡、加拿大马更些三角洲、西巴伦支海、波弗特海等盆地，北极地区仍有近半数盆地未进行油气勘探。

表3-2　北极地区各盆地待发现油气资源潜力表（据USGS，2008，有修改）

盆地简称	盆地名称	石油（$\times 10^4$t）	凝析油（$\times 10^4$t）	油气当量（$\times 10^4$t）	主要成藏组合	是否有商业发现
WSB	西西伯利亚盆地	49 920.76	277 283.33	1 808 277.44	Pokor地层构造成藏组合	是
AA	阿拉斯加北坡盆地	408 667.22	80 542.79	992 521.69	中、上白垩统-新生界斜坡沉积成藏组合	是

续表

盆地简称	盆地名称	石油（$\times 10^4$t）	凝析油（$\times 10^4$t）	油气当量（$\times 10^4$t）	主要成藏组合	是否有商业发现
EBB	东巴伦支海盆地	101 017.84	19 399.90	842 339.56	侏罗系构造成藏组合	是
EGR	东格陵兰裂谷盆地	121 425.05	110 778.21	428 119.23	在整个盆地群内变化比较大，待证实	否
YK	叶尼赛–哈坦加次盆	76 162.21	36 489.05	339 903.48	Deryabinskaya地层–构造成藏组合	是
AM	亚美盆地	13 2629.63	7 388.65	269 350.99	推测为brooklian组（上白垩统–新近系）断层相关成藏组合	否
WGEC	西格陵兰–东加拿大	99 222.82	15 721.33	232 744.09	推测为中、上白垩统地层–构造–不整合成藏组合	否
LSS	拉普捷夫海陆棚	42 496.37	11 828.06	128 350.63	推测为侏罗系–上白垩统砂岩构造和白垩系–古近系断块成藏组合	否
NM	挪威沿岸盆地	19 604.64	6 884.52	99 874.67	中侏罗统沙丘构造成藏组合	是
BP	巴伦支海台地	28 037.16	3 801.52	91 442.56	中–下侏罗统构造、三叠系构造成藏组合	是
EB	欧亚盆地	18 306.93	7 096.35	69 677.35	推测为侏罗系上白垩统砂岩构造和白垩系–古近系断块成藏组合	否
KB	北喀拉海盆地和台地	24 651.03	5 322.06	64 013.47	推测为侏罗系地层–构造成藏组合	否
TPB	蒂曼–伯朝拉盆地	22 740.74	2 766.19	46 109.20	阿舍林阶–亚丁斯克阶(二叠系)地层–构造、吉维阶(泥盆系)碎屑岩地层–构造成藏组合	是
NGS	北格陵兰切断带	18 411.27	3 724.95	45 340.59	未知	否
LM	罗蒙诺索夫–马卡罗夫盆地	15 096.48	2 612.74	33 977.79	推测为侏罗系上白垩统砂岩构造和白垩系–古近系断块成藏组合	否
SB	斯沃尔德鲁普盆地	11 609.14	2 607.97	33 759.55	Heiberg群（侏罗系）构造成藏组合	是
LA	勒拿–阿纳巴尔盆地	26 091.82	769.43	31 650.67	未知	否

续表

盆地简称	盆地名称	石油（$\times 10^4$t）	凝析油（$\times 10^4$t）	油气当量（$\times 10^4$t）	主要成藏组合	是否有商业发现
NCWF	北楚克奇-弗兰格尔盆地	1 172.90	1 453.61	16 416.01	推测为brooklian组（上白垩统-新近系）断层相关成藏组合	否
VLK	威尔克塔斯基盆地	1 337.13	1 386.23	15 776.43	未知	否
NWLS	拉普捷夫海西北陆棚	2 349.35	1 631.75	14 184.24	未知	否
LV	勒拿-维柳依盆地	5 140.37	486.40	8 662.22	侏罗系地层-构造成藏组合	是
ZB	济良卡盆地	652.26	547.51	4 623.69	未知	否
ESS	东西伯利亚海盆地	269.12	148.81	1 824.08	推测为上白垩统-新近系构造成藏组合	否
HB	霍普盆地	33.69	155.09	1 662.31	未知	否
NWC	加拿大西北内陆盆地	316.99	207.87	1 220.37	未知	否
总计		1 226 143.38	601 036.23	5 621 822.71		

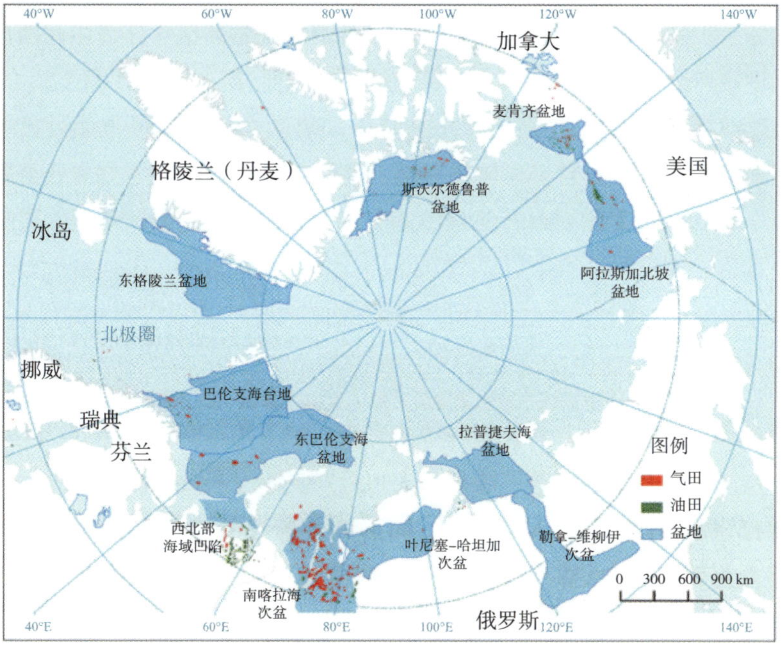

图3-4 北极地区11个含油气盆地位置图（资料引自IHS，赵喆等，2014）

从地质构造和地层角度考虑，油气资源分布在不同地质层位中。以油气储集层为标志，北极地区3.41%的原始可采原油储量和0.32%的天然气储量分布在新生代地层中，如马更些三角洲盆地；71.27%的油和98.31%的天然气分布在中生代地层，其中35.54%的油和87.72%的气分布在白垩系，主要是西西伯利亚北部的南喀拉海–亚马尔盆地、阿拉斯加北坡盆地、东巴伦支海盆地、挪威海盆地、叶尼塞–哈坦加盆地、斯瓦尔巴德中部第三纪盆地；4.39%的油和9.12%的气分布在侏罗系；31.14%的油和1.46%的气分布在三叠系；25.32%的油储量和1.37%的气储量与古生代地层有关，主要包括斯沃尔德鲁普盆地、蒂曼–伯朝拉盆地和勒拿–阿纳巴尔盆地。

从资源分布规律考虑，虽然北极地区油气资源丰富，但其各含油气盆地和各大陆之间的分布不均匀。第一，在各油气盆地内分布不均匀。三个最大的含油气盆地是西西伯利亚盆地、阿拉斯加北坡盆地和东巴伦支海盆地，其油气资源量分别为1 325.7亿桶、727.7亿桶和617.6亿桶油当量，三者之和约占北极地区油气资源总量的65%。研究发现，将近70%的石油资源都分布阿拉斯加北坡盆地、美亚盆地、东格陵兰裂陷盆地、东巴伦支海盆地和西格陵兰–东加拿大5个地质区中，具体分布占比如图3–5所示。与石油资源类似，天然气资源有70%以上分布在西西伯利亚盆地、东巴伦支海盆地和阿拉斯加北坡盆地3个地质区中，其中西西伯利亚盆地储量最高，达18.4万亿立方米；东巴伦支海盆地次之，达9.0万亿立方米；阿拉斯加北坡盆地6.3万亿立方米，占比如图3–6所示。第二，油气资源在欧亚大陆和北美洲大陆之间的分布也不均匀。欧亚大陆油气资源量约占北极地区总资源量的63%，而北美大陆只占36%，欧亚大陆部分以天然气和液化天然气为主，两者合计占其总油气资源量的88%，而石油只占12%。与之相对，北美洲大陆部分的石油资源更丰富一些，石油占其总油气资源量的44.8%（白振瑞等，2011）。

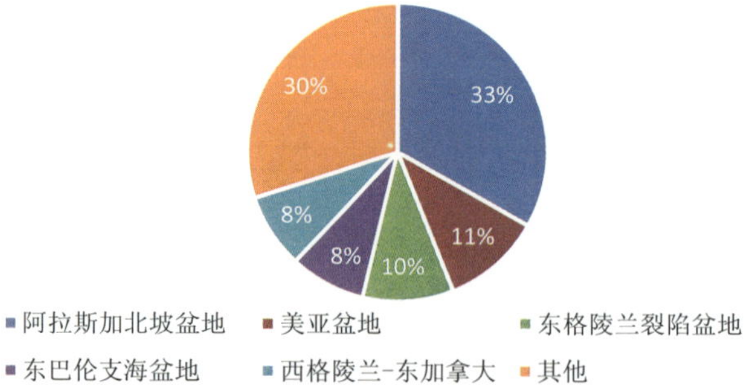

图3–5　北极地区待发现石油资源分布（亿桶）

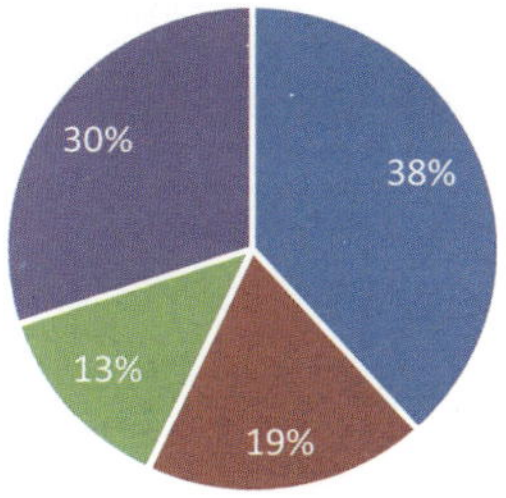

图3-6 北极地区待发现天然气资源分布（万亿立方米）

综合考虑各主要沉积盆地的烃源岩条件、储集条件、盖层与圈闭条件、基础地质研究程度、油气勘探程度，并结合油气资源发现和商业性开发程度，划分出最具潜力盆地（地区），主要包括西西伯利亚盆地的北部、阿拉斯加北坡盆地和蒂曼-伯朝拉盆地，这些盆地成藏油气地质条件十分有利且已有大规模的油气发现，并已投入了大规模商业性开发。另外，有一些尚无大规模商业性开发、但各类成藏油气地质条件有利、有较大规模油气发现的盆地，其开发利用潜力也较大，主要包括斯沃尔德鲁普盆地、东巴伦支海盆地、马更些三角洲盆地等。还有一类盆地尚没有油气发现，但具有良好的烃源岩条件，属于勘探前景较好的盆地，主要有东格陵兰断陷盆地、楚科奇盆地等。

3.3 北极国家油气资源潜力分析

3.3.1 北极国家关于油气资源争议

北极地区油气资源开发和各国利益息息相关，油气资源主要分布在沿岸陆地盆地和北冰洋大陆架，因此大陆架主权权利的争夺，直接关系到油气资源的归属（朱瑛，2012）。波弗特海是北冰洋边缘海，位于美国阿拉斯加州北部和加拿大西北部沿岸以北至班克斯岛之间，美加两国在此海域划界争议的焦点集中在海域分界线的走向上，两国的主张之间存在着约6 180平方海里的争议区（贾宇，2010），这恰恰是波弗特海油气资源的富集区（朱瑛，2012）。巴伦支海南北两侧的大陆架浅海海底蕴藏大量油气资源，但由于俄挪两国在巴伦支海的大陆架划界上发生重叠，两国巴伦支海大陆架油气争端由此产生（匡增军，2010）。2011年俄挪两国签署的《俄罗斯联邦与挪威王国关于在巴伦支海和北冰洋的海域划界与合作条约》解决了俄挪两国之间巴伦支海的海洋划界争端与油气资源共同开发问题（匡增军和欧开飞，2016）。海上共同开发使油气资源得到高效开发利用的同时，也能够使国家之间的海洋争端得到缓和甚至得以最终解决，且日益在沿海国的实践中被采纳与推广，受到国际社会的关注与重视。

3.3.2　北极国家油气资源潜力分布

北极地区的油气开采活动主要集中在俄罗斯、美国、挪威和加拿大四国，大的油气田主要位于俄罗斯的西西伯利亚和伯朝拉海以南地区、美国阿拉斯加北坡地区、挪威的挪威海区域和加拿大北部区域。油气产量尤以俄罗斯为最高，其原油产量占整个北极地区的80%，天然气占99%。可以认为，俄罗斯的油气产量几乎等同于整个北极地区的产量（AMAP，2007；张侠等，2010）。据俄罗斯、美国、挪威等国家研究机构和石油公司（如BP）的油气资源潜力评价结果，俄罗斯北极地区最为丰富，是未来油气勘探开发最重要的战略接替区（卢景美等，2010）。待发现原油资源在俄罗斯、美国、加拿大、格陵兰、丹麦和挪威5国均比较丰富，待发现天然气资源则主要分布在俄罗斯环北极地区，2000年以后挪威海域的发现数量逐年增长。

因为某些资源盆地是属于两个或者三个北极国家，没有任何明显的资源分布界限，Lindholt（2012）在不同国家北极石油和天然气资源配额近似的前提下，对各国沉积海盆中待发现油气资源量进行了估计。其中，俄罗斯约占41%，美国（阿拉斯加）约占28%，格陵兰约占18%，加拿大北极约占9%，挪威北极约占4%（见表3-3）。对于整个北极来说，80%的石油位于海底。加拿大北极有超过80%的待发现石油资源在近海，俄罗斯有70%在沿海一带，美国（阿拉斯加）是50%左右，而格陵兰岛和挪威北极地区几乎所有待发现的石油资源都在近海。对于待发现的天然气资源，假设北极俄罗斯和美国（阿拉斯加）平等地分享资源，北极俄罗斯占比更大，约占70%，而美国（阿拉斯加）为第二，约占14%（见表3-3）。像石油一样，格陵兰岛待发现天然气资源与加拿大北极和挪威北极地区拥有的总和相近（见表3-3），格陵兰为8%，加拿大北极和挪威北极均为4%（Lindholt，2012；雷闪等，2014）。北极地区陆上和近海资源的分布与天然气和石油几乎相同，但是在北极近海地区，俄罗斯拥有90%的天然气资源。

表3-3　北极国家待发现石油和天然气资源量区域分布

	待发现石油占比（%）	待发现天然气占比（%）
俄罗斯	41	70
美国（阿拉斯加）	28	14
加拿大北极	9	4
挪威北极	4	4
丹麦（格陵兰）	18	8

3.4　小结

本章旨在分析北极地区油气资源潜力，研究分析了北极自然地理，并总结了北极地区与北极国家的界定。北极地区油气资源潜力与争议涉及北极大陆架划界问题，根据UNCLOS，北极国家大陆架以外的海床、洋底及其底土是属于国际海底区域，属于全人类共有。因此，属于北极国际海底区域的油气资源需要按照UNCLOS遵循全人类共同开发的原则，需要继续通过国际法研究来探索参与路径，这方面研究将在第八章简要分析。

实际上，北极国家并没有真正实现国际海底区域的共享，各国对专属经济区以外的海域均有不同程度的主张，且北冰洋国家之间仍存在海域界限的不确定问题和争端，这些争议海域也蕴藏着丰富的油气资源。针对北极地区油气资源的分布，三个最大的含油气盆地是西西伯利亚盆地、阿拉斯加北坡盆地和东巴伦支海盆地，油气资源量分别为1 325.7亿桶、727.7亿桶和617.6亿桶油当量，三者之和约占北极地区油气资源总量的65%。按照Lindholt（2012）配额近似的方法对北极国家油气资源潜力由高到低排序，依次是俄罗斯、美国（阿拉斯加）、丹麦（格陵兰）、加拿大、挪威，占北极地区油气资源量比例分别为41%、28%、18%、9%和4%。因此，针对与北极国家相关的油气资源开发利用，将在后续章节的分析中，从国际合作的角度开展相关评价分析。

第4章　北极国家油气资源供需关系与贸易空间研究

针对全球石油天然气资源的供求和贸易评价，英国BP公司和美国能源信息管理局（EIA）等相关机构有详细的统计分析数据和报告，但是对于北极国家的油气资源产消情况，却没有针对性的详细分析。本书根据研究需要，选取北极国家油气资源产消情况进行针对性的分析，如北极国家油气产消总量占世界比重及其变化趋势、北极各国家油气资源产消量随时间变化趋势和国家间的相互差异等，为后续北极油气资源国际合作潜力分析做好基础准备。

油气资源供求变化分为时间趋势分析和空间差异分析。时间趋势一般是指国家或地区油气资源供需关系的时间变化趋势和轨迹，主要表现为生产量和消费量随时间的发展变化；空间差异分析是指北极地区油气资源产消量的区域差异，这种空间差异将会对供应范围从地区到国家甚至到国外的贸易进程均产生影响。供应国（区域）产量较大且有出口需求，而需求国（区域）产量少，不能满足自身消费，有进口需求。

本章基于北极八国石油与天然气的生产量和消费量数据，对北极国家石油和天然气产消量时间变化趋势、空间差异及贸易流向进行分析，数据均来源于EIA。鉴于美国只有一个阿拉斯加州在北极地区，在对美国进行分析时，选取阿拉斯加州数据代表美国北极地区数据。

4.1　石油供需关系及态势分析

根据EIA发布的数据，选用2000—2016年环北极国家石油生产量数据和2000—2015年石油消费量数据，如表4-1和表4-2所示。由于美国（阿拉斯加）2016年石油生产量统计数据缺失，所以美国（阿拉斯加）只选用2000—2015年的数据。可以看出，在所选时间范围内，俄罗斯的石油生产量和消费量均为最高；冰岛的产消量均为最小，其生产量在2000—2009年均为0，自2010年开始，才有约1千桶/日的生产量。

表4-1 北极各国石油生产量变化过程 单位：千桶/日

年份	美国（阿拉斯加）	加拿大	芬兰	冰岛	挪威	瑞典	丹麦	俄罗斯
2000	973	2 753	8.3	0	3 355	1.6	365	6 724
2001	963	2 816	7.8	0	3 423	2.1	349	7 160
2002	985	2 954	9	0	3 342	3.5	373	7 659
2003	974	3 114	9.3	0	3 273	4.1	378	8 535
2004	911	3 139	9.2	0	3 197	4.6	393	9 274
2005	864	3 096	9.2	0	2 978	3.9	381	9 511
2006	741	3 292	10	0	2 786	5.3	346	9 732
2007	722	3 449	9.8	0	2 565	7.3	315	9 938
2008	685	3 348	8.7	0	2 465	9.2	290	9 875
2009	645	3 319	9.5	0	2 353	11	264	10 050
2010	600	3 442	15	1.1	2 146	10	249	10 279
2011	561	3 597	14	0.7	2 050	11	226	10 402
2012	527	3 856	13	1	1 927	12	207	10 589
2013	515	4 073	10	0.9	1 848	12	181	10 758
2014	496	4 394	10	0.9	1 897	16	170	10 847
2015	483	4 511	8.4	0.7	1 958	16	162	11 030
2016	–	4 594	8.4	0	2 004	16	146	11 240

表4-2 北极各国石油消费量变化过程 单位：千桶/日

年份	美国（阿拉斯加）	加拿大	芬兰	冰岛	挪威	瑞典	丹麦	俄罗斯
2000	133	2 008	214	18	220	362	210	2 578
2001	139	2 029	212	17	230	369	213	2 590
2002	133	2 040	219	18	217	373	197	2 636
2003	138	2 155	223	18	222	370	188	2 682
2004	161	2 233	221	19	228	368	185	2 751
2005	161	2 269	219	19	232	360	183	2 785
2006	165	2 266	222	21	228	354	190	2 803
2007	156	2 344	223	21	232	350	191	2 697
2008	135	2 267	217	23	229	337	181	2 906
2009	128	2 184	206	22	225	318	167	2 950
2010	139	2 375	214	15	229	336	167	3 135

续表

年份	美国（阿拉斯加）	加拿大	芬兰	冰岛	挪威	瑞典	丹麦	俄罗斯
2011	136	2 405	209	15	222	315	164	3 422
2012	130	2 470	201	17	215	300	155	3 445
2013	121	2 455	197	15	218	297	155	3 490
2014	115	2 407	193	16	211	305	154	3 693
2015	118	2 406	192	16	218	291	154	3 554

4.1.1 北极地区石油总量变化及态势

北极地区石油产消量变化主要从北极八国的生产总量和消费总量的角度来考虑。如图4-1所示，2000—2015年，北极八国石油生产总量呈现持续增长趋势，从2000年的14 180千桶/日增加到2015年的18 169千桶/日。同期，全球石油生产量从77 729千桶/日增加到96 744千桶/日。北极八国石油生产量占全球比重呈现小幅波动，2000年最低，为18.24%，2003年最高，为20.46%，随后趋于稳定，2015年为18.53%。

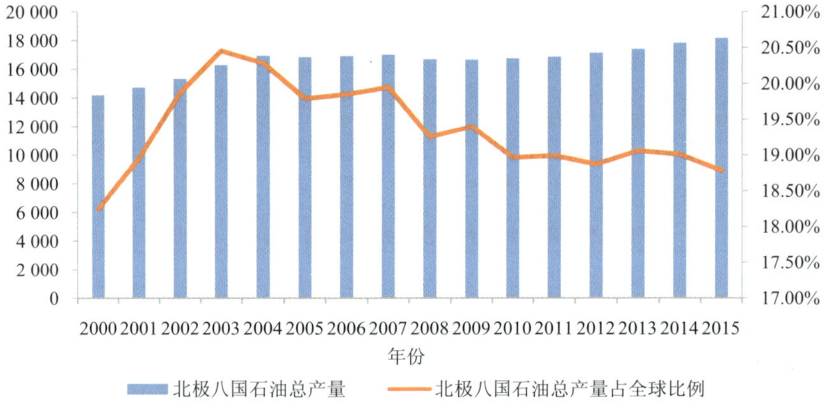

图4-1　北极八国石油生产总量时间变化（单位：千桶/日）

2000—2015年，北极八国石油消费总量比较稳定，由2000年的5 743千桶/日逐渐增加，2014年为7 094千桶/日，2015年略微下降，为6 949千桶/日。如图4-2所示，北极八国石油消费总量占全球比重较为稳定，一直保持在7.18%～7.66%之间。2008年金融危机前后，全球和北极石油消费量均有所减少，但北极国家减少量相对较大，造成2009年北极国家石油消费量占全球比例最小，为7.18%。总体来讲，2000—2015年北极国家的石油消费总量呈现有序增长趋势，且增长幅度较小。

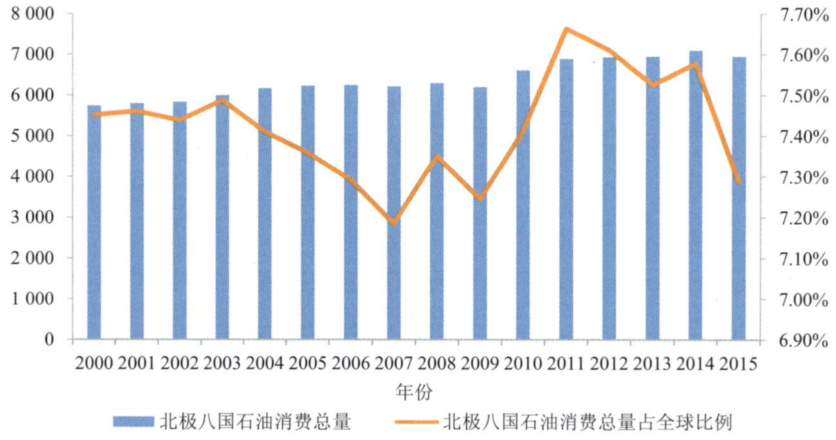

图4-2 北极八国石油消费总量时间变化（单位：千桶/日）

具体到北极地区整体石油供需关系的分析，用北极八国石油生产总量和消费总量来体现。由图4-3可知，北极八国石油生产量远远大于消费量，产消差不断增长，由2000年的8 437千桶/日逐渐增加至2007年的10 792千桶/日，之后出现小幅下降，至2011年为9 974千桶/日，随后逐渐回升，直至2015年增至11 220千桶/日。俄罗斯石油产消差与北极八国石油产消差总量趋势十分接近，说明俄罗斯对北极地区石油产消差贡献量相当大，并随着时间的推移，逐渐增大，从2000年的49.14%增长到2010年的70.51%，之后稍有回落，2015年为66.63%。

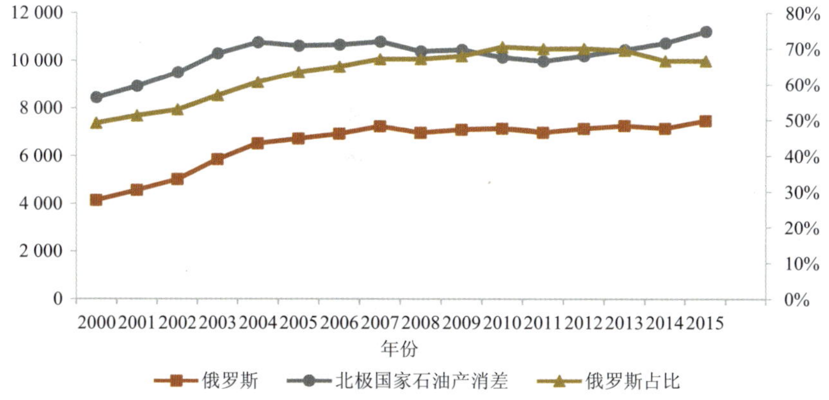

图4-3 北极八国石油产消差时间变化趋势（单位：千桶/日）

总体而言，北极地区石油消费量只占生产量的40%左右。北极地区整体的石油产量不仅能够满足北极各个国家的消费需要，相当大的产消差也可作为石油贸易的重要动力，能够为世界上其他国家提供巨大的贸易空间。

4.1.2　各国石油产消量变化及态势

4.1.2.1　俄罗斯

世界三大最重要的能源——石油、天然气和煤炭的资源储量，俄罗斯均排在世界前列。它不仅是北极地区的“能源超级大国”及“天然气王国”，而且在国际油气领域，也是非常有潜力的能源体。俄罗斯已经探明的资源储量约占全世界资源总量的21%，石油和天然气的探明储量分别为108亿吨和44.3亿立方米，分别占世界总储量的6.3%和24.3%。从俄罗斯的石油产出量可以看出，自2000年直至2016年，从6724千桶/日逐渐提高至11 240千桶/日。俄罗斯国内石油消费量远远低于生产量，如图4-4所示，消费量占生产量的比例还不到40%。产消差占生产量比重自2000年至2015年一直维持在大于60%的高位水平，且呈现增长趋势。从2000年的63.66%增长至2007年的72.86%，之后稍有回落，2015年为67.78%。俄罗斯2016年石油产量相比2015年略有增加，产量为11 240千桶/日，比2015年增长了1.9%。

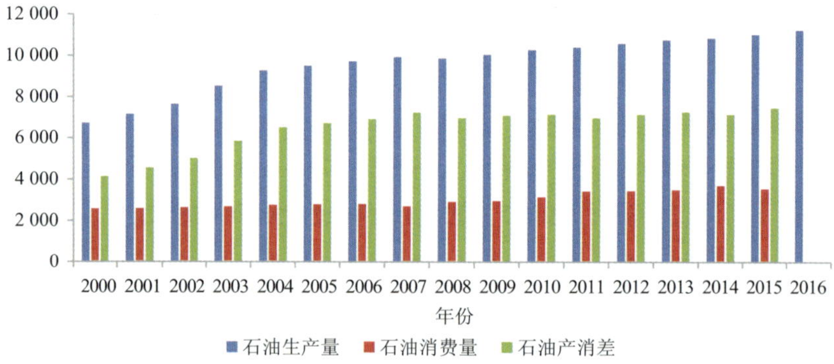

图4-4　俄罗斯石油产消量与产消差时间变化趋势（单位：千桶/日）

俄罗斯石油消费量与产消差总体保持稳定，因此具备绝对的出口实力。俄罗斯生产的石油几乎一半以上用于出口，是仅次于沙特阿拉伯的原油、石油产品与天然气主要生产国和出口国。如果将石油储量、出口量、横跨欧亚并与中国邻近的地缘优势进行综合衡量，俄罗斯无疑是中国石油进口的最好路径之一。

4.1.2.2　加拿大

加拿大是一个传统的石油出口国。从历年石油出口价值来看，1980年出口原油24.34亿美元，到2010年则达到486.44亿美元，增长了近24倍。由图4-5可知，2000—2016年，加拿大的石油生产量总体呈递增趋势，从2 753千桶/日增长至4 594千桶/日。2000—2015年，加拿大的石油消费量增幅较小，基本稳定在2 000 ~ 2 400千桶/日之间。石油产消差占生产量的比例总体上也呈递增趋势，从2000年的27.1%增加到2015年的46.7%。

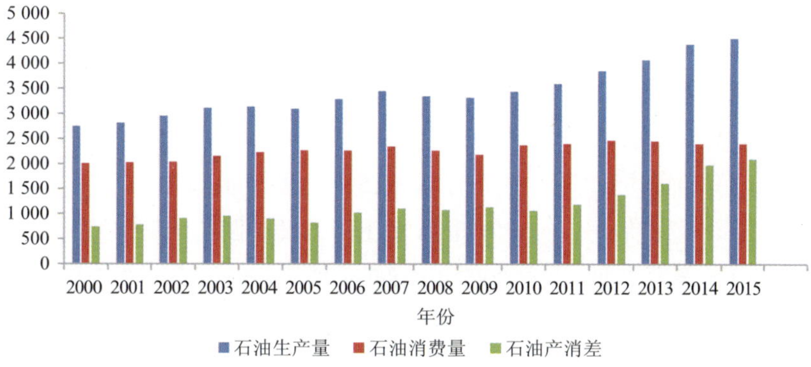

图4-5　加拿大石油产消量与产消差时间变化趋势（单位：千桶/日）

4.1.2.3　挪威

作为世界重要石油生产国[1]，同样也是欧洲主要的能源生产和出口国，挪威的支柱产业之一就是能源。随着挪威石油传统发力点——北海地区被油企忽略[2]，新油田暂未被发现或被发现却还未投入生产。2000—2016年，挪威的石油生产量减幅较大，如图4-6所示，从3 355千桶/日降到2 004千桶/日。2000—2015年，挪威的石油消费量一直稳定在一个相对较低的水平区间，在210 ~ 230千桶/日之间。而挪威石油产消差占生产量的比例一直维持在88%以上，虽然呈下降趋势，但是减幅较小。从2000年的94.3%降到2015年的88.9%。

1　https://www.zhihu.com/question/35131346?sort=created

2　http://www.qqfx.com.cn/news/38806.html

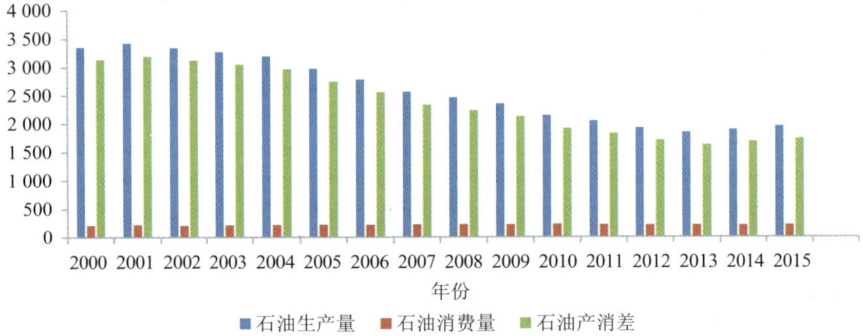

图4-6　挪威石油产消量与产消差时间变化趋势（单位：千桶/日）

4.1.2.4　美国（阿拉斯加）

阿拉斯加作为美国环北极的一个州，极大地缓解了美国的石油短缺问题。但相关资料显示[1]，经过多年的石油开采，阿拉斯加的石油产量持续衰竭。从图4-7可以看出，2000—2015年，阿拉斯加的石油生产量大体上呈下降趋势，从973千桶/日下降到483千桶/日，15年时间产量缩减了一半。而阿拉斯加的石油消费量保持稳定，在140千桶/日上下波动。因此，阿拉斯加的石油产消差也经历了很大的衰减，从2000年的840千桶/日到2015年的365千桶/日。但2017年新油田的发现，有望再次把阿拉斯加的石油生产量提升到原有水平。

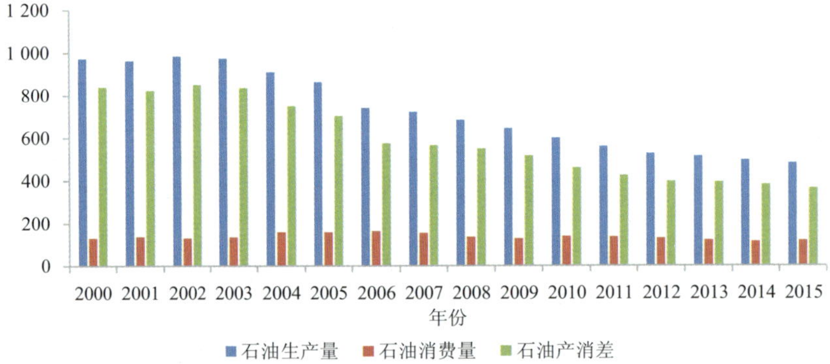

图4-7　美国（阿拉斯加）石油产消量与产消差时间变化趋势（单位：千桶/日）

1　http://www.in-en.com/article/html/energy-2260213.shtml

4.1.2.5　丹麦

由图4-8和表4-1所示，2000—2015年，丹麦的石油生产量总体上呈下降趋势，且下降幅度较大，从365千桶/日降到146千桶/日。2000—2016年，石油消费量虽然总体上呈下降趋势，但是下降幅度较小，从210千桶/日降到154千桶/日。石油产消差也大幅减少，但在2015年末仍能保持石油自给自足的局面。2017年全球风能发电总量达17 575兆瓦，其中欧洲占84%。北欧国家在节能减排领域一直走在世界前列，丹麦也贡献了不少力量。2018年，丹麦的马士基集团将旗下的油气产业出售给法国[1]。此前，丹麦风能巨头企业也已将油气业务出售给德国。丹麦还制定了清洁能源使用目标，到2050年停止使用化石燃料，不过这个目标的达成还需要北海油田开发盈利来支持其向清洁能源过渡。由于丹麦的石油出口量持续下降，其清洁能源之路或许还有很长一段路要走。

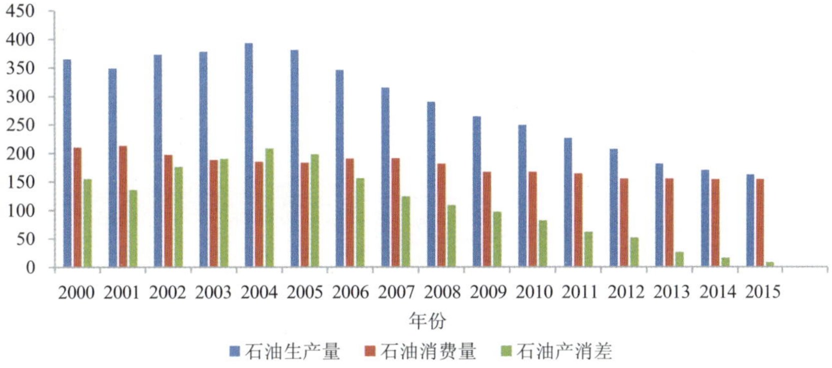

图4-8　丹麦石油产消量与产消差时间变化趋势（单位：千桶/日）

4.1.2.6　其他国家

相对于俄罗斯、加拿大等环北极国家，瑞典、芬兰、冰岛的油气资源量相对匮乏。由图4-9可知，三个国家从2000—2016年的石油生产量都没有超过20千桶/日，其中芬兰的石油生产量在2010—2012年间有较大幅的波动，其他年份一直保持在8～10千桶/日之间；瑞典的石油生产量一直呈递增趋势，2008年和2013年超过芬兰，且一直保持优势地位到2016年；冰岛的石油生产量最少，从2000—2009年一直没有石油生产，从2010年以后才有约1千桶/日的石油

1　http://oil.in-en.com/html/oil-2735840.shtml

生产量。

相比于石油生产量的起伏波动，三个国家的石油消费量相对稳定。由图4-10可知，瑞典的石油消费量最高，在350千桶/日上下波动，大体呈下降趋势；芬兰次之，消费量在200千桶/日上下波动；冰岛的石油消费量最少，在19千桶/日上下波动。三个国家的石油产消差均为负数，说明其石油生产量不能满足自身的消费量，也就不存在对外出口空间。

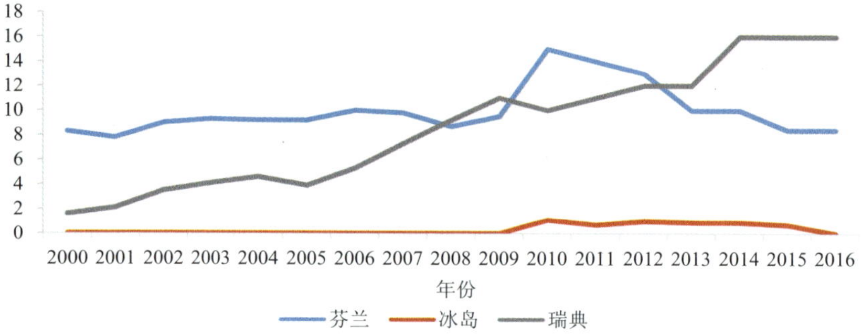

图4-9　石油生产量趋势变化图（单位：千桶/日）

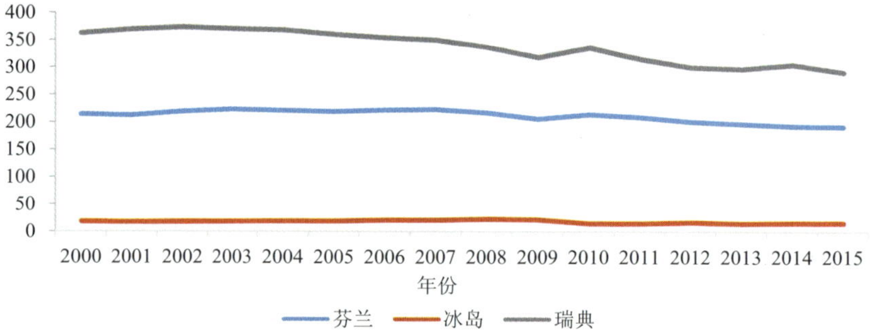

图4-10　石油消费量趋势变化图（单位：千桶/日）

4.2　天然气供求关系及态势分析

选用EIA发布的时间范围为2000—2014年的环北极国家天然气生产量和消费量数据［其中美国（阿拉斯加）选用2000—2015时间段数据］，如表4-3和表4-4所示。在所有年份中，俄罗斯的天然气生产量和消费量均最高，冰岛的天然气生产量和消费量均为0，瑞典的天然气产量也为0，芬兰的天然气生产量也很小，2000—2012年都为0，2013年开始才有1亿立方英尺的生产量。

表4-3　北极各国天然气生产量变化过程　　单位：十亿立方英尺

年份	美国（阿拉斯加）	加拿大	芬兰	冰岛	挪威	瑞典	丹麦	俄罗斯
2000	459	6 470	0	0	1 867	0	289	19 335
2001	471	6 597	0	0	1 946	0	296	19 616
2002	463	6 631	0	0	2 412	0	296	19 685
2003	490	6 453	0	0	2 703	0	281	20 507
2004	472	6 483	0	0	2 948	0	333	20 991
2005	487	6 561	0	0	3 072	0	369	21 224
2006	445	6 548	0	0	3 094	0	368	21 736
2007	433	6 416	0	0	3 168	0	326	21 595
2008	398	6 046	0	0	3 503	0	356	21 515
2009	397	5 634	0	0	3 664	0	297	18 890
2010	374	5 390	0	0	3 756	0	290	20 915
2011	356	5 218	0	0	3 576	0	233	22 213
2012	351	5 070	0	0	4 052	0	203	21 764
2013	338	5 129	0.1	0	3 841	0	171	22 139
2014	345	5 349	0.1	0	3 843	0	164	21 225
2015	343.534	–	–	–	–	–	–	–

表4-4　北极各国天然气消费量变化过程　　单位：十亿立方英尺

年份	美国（阿拉斯加）	加拿大	芬兰	冰岛	挪威	瑞典	丹麦	俄罗斯
2000	427	2 991	148	0	140	28	182	13 059
2001	409	3 121	161	0	163	31	181	12 906
2002	419	3 173	160	0	190	31	180	13 564
2003	414	3 373	177	0	222	33	183	14 204
2004	406	3 341	171	0	282	31	183	14 567
2005	433	3 144	157	0	187	29	176	14 330
2006	374	3 283	168	0	119	29	180	15 224
2007	370	3 051	162	0	156	33	161	15 227
2008	342	2 937	167	0	123	28	162	15 546

续表

年份	美国（阿拉斯加）	加拿大	芬兰	冰岛	挪威	瑞典	丹麦	俄罗斯
2009	342	3 112	151	0	231	43	156	13 505
2010	333	3 440	166	0	194	56	176	15 468
2011	335	3 731	145	0	161	46	148	15 328
2012	343	3 711	130	0	153	42	139	15 711
2013	332	3 875	124	0	182	38	133	15 599
2014	329	4 116	108	0	207	33	112	15 231
2015	337	–	–	–	–	–	–	–

4.2.1 北极地区天然气总量变化及态势

北极地区天然气产消量变化需要从环北极八国的天然气生产总量和消费总量的角度来考虑。如图4-11所示，2000—2014年，北极八国天然气生产总量大体上呈现增长趋势。从2000年的47 143十亿立方英尺增加到2008年的51 579十亿立方英尺，但2009年下跌到49 109十亿立方英尺，之后又继续递增，至2014年生产量达到56 471十亿立方英尺。同期，全球天然气生产量从87 097十亿立方英尺增加到122 336十亿立方英尺。北极八国天然气生产量占全球比重大体上呈现下跌趋势，2000年占比最高，为54.13%，2010年最低，为46.01%，随后趋于稳定，2014年为46.16%。

图4-11 北极八国天然气生产总量时间变化（单位：十亿立方英尺）

2000—2014年，北极八国天然气消费总量大体上呈上升趋势，由2000年的39 881十亿立方英尺逐渐增加。2008年金融危机后，北极天然气消费量大幅减少，使得2009年北极国家天然气消费量低迷，为40 108十亿立方英尺。随后持续上升，2014年为46 400十亿立方英尺，如图4-12所示。北极八国天然气消费总量占全球比重却大体呈下降趋势，从2000年的45.72%大幅减少到2009年的37.98%，随后趋于稳定，在36%上下波动。

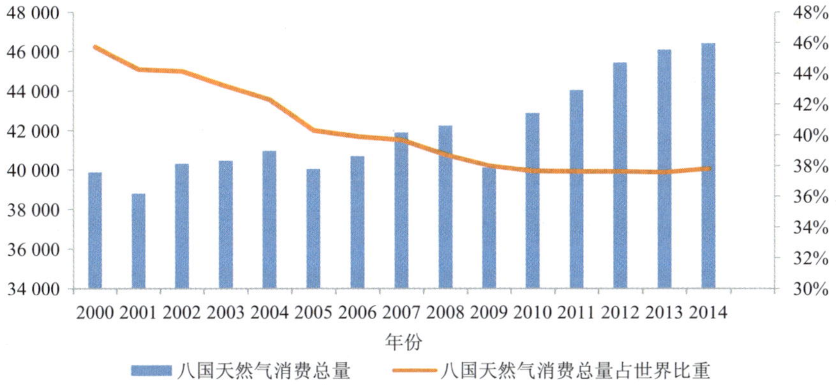

图4-12　北极八国天然气消费总量时间变化（单位：十亿立方英尺）

具体到北极地区整体的天然气供需关系，可以用北极八国天然气生产总量和消费总量来体现。由图4-13可知，同石油资源一样，北极八国天然气生产量远远大于消费量，产消差不断增长，由2000年的7 294十亿立方英尺逐渐增加至2014年的10 087十亿立方英尺。如图4-14所示，北极八国天然气产消差总量与俄罗斯天然气产消差趋势十分接近，且俄罗斯对北极地区天然气产消差贡献最大。但随着时间推移，其贡献有减少的趋势，从2000年的86.04%下跌到2009年的59.46%，之后稍有回升，2014年为59.42%。

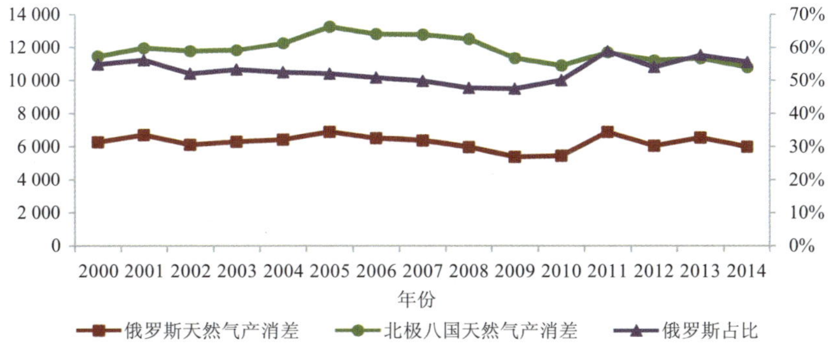

图4-13　北极八国天然气产消差时间变化趋势（单位：十亿立方英尺）

4.2.2 各国天然气产消量变化及态势

4.2.2.1 俄罗斯

俄罗斯在天然气、石油等能源出口方面一直占据世界领先地位[1]。不仅如此，从俄罗斯的天然气产出量可以看出，2000—2014年，一直保持在2×10^4十亿立方英尺上下波动。俄罗斯国内天然气消费量也保持在恒定水平，在1.5×10^4十亿立方英尺上下波动，如图4-14所示。消费量占生产量的比例在60%上下波动，出口量自2000年至2015年一直维持在6 000十亿立方英尺左右。天然气生产量与消费量总体保持稳定，因此具备出口实力。

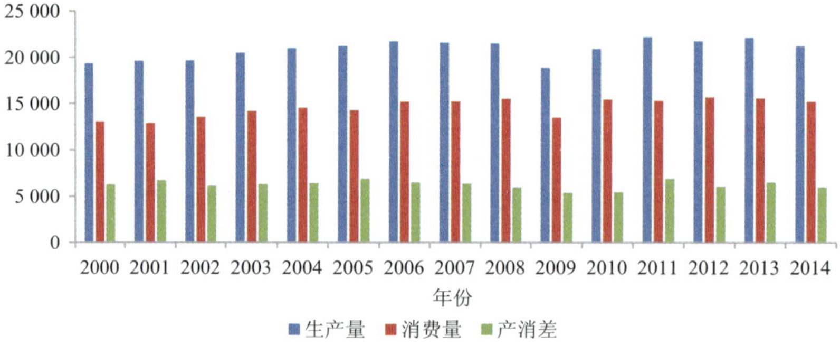

图4-14　俄罗斯天然气产消量与产消差时间变化趋势（单位：十亿立方英尺）

4.2.2.2 加拿大

加拿大是天然气商品的供应大国，天然气出口量仅次于俄罗斯。近年来，由于北美天然气价格持续低迷，加拿大的大部分天然气生产成本高于市场价格，因此天然气开采基本处于“停滞”状态[2]。如图4-15所示，从2005年开始，天然气生产量持续降低，2014年天然气生产量已经降至5 349十亿立方英尺。而加拿大的天然气消费量从2008年金融危机以后就持续上升，导致加拿大的天然气出口量迅速下降，从2000年的3 479十亿立方英尺下跌到2014年的1 233十亿立方英尺。

1　http://www.in-en.com/article/html/energy-2255388.shtml

2　http://gas.in-en.com/html/gas-2069103.shtml

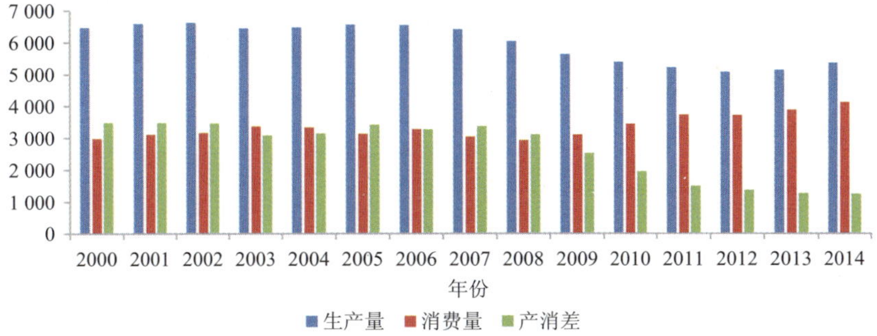

图4-15　加拿大天然气产消量与产消差时间变化趋势（单位：十亿立方英尺）

4.2.2.3　挪威

作为欧洲最大的矿物燃料出口国，挪威的管道天然气出口能满足欧洲大约四分之一的需求。如图4-16所示，天然气产量从2000年的1 867十亿立方英尺持续上升到2010年的3 756十亿立方英尺，之后稍有回落，2012年达到15年内的峰值4 052十亿立方英尺，2014年的生产量为3 843十亿立方英尺。挪威的天然气消费量占生产量的比例是北极八国里最低的，不到10%，介于120 ~ 280十亿立方英尺之间。因此，挪威超过90%的天然气都用于出口，且大体呈上升趋势，从2000年的1 727十亿立方英尺逐渐增加到2014年的3 636十亿立方英尺。

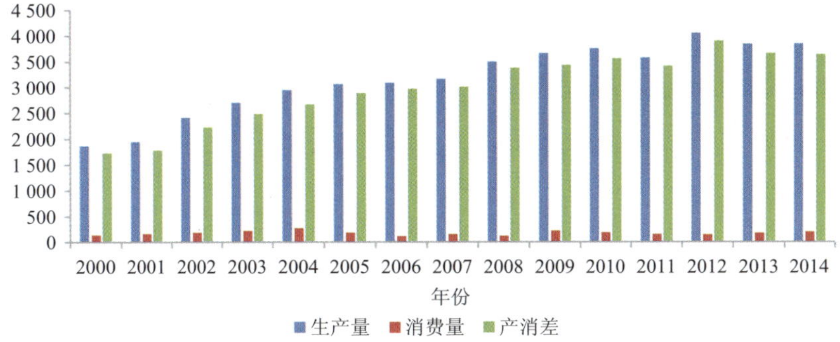

图4-16　挪威天然气产消量与产消差时间变化趋势（单位：十亿立方英尺）

4.2.2.4　美国（阿拉斯加）

阿拉斯加有“北极油罐”之称，天气寒冷，油气资源丰富。但由于纬度较高，天气、冻土等开采条件恶劣，再加上环境保护政策的影响，阿拉斯加的油田并没有大规模开发[1]。2008年经济危机爆发后，天然气开采量更是持续走低。如图4-17所示，从2000年的459十亿立方英尺下跌到2015年的343.5十亿立方英尺。天然气消费量略有浮动，在400十亿立方英尺上下波动。阿拉斯加的天然气出口量大体上呈下降趋势，2012年后甚至下降到个位数。

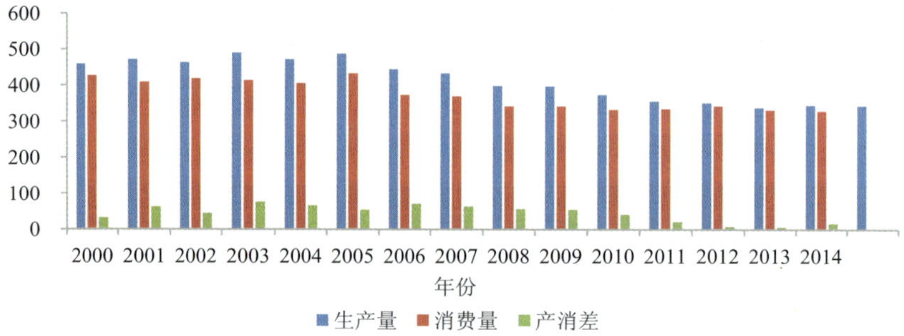

图4-17　美国（阿拉斯加）天然气产消量与产消差时间变化趋势（单位：十亿立方英尺）

4.2.2.5　丹麦

丹麦天然气生产量经历了一个先增后减的变化过程。如图4-18所示，2005年达到峰值，为369十亿立方英尺。2007年出现15年内第一个大幅度的下跌，从2006年的368十亿立方英尺减少到2007年的326十亿立方英尺，之后持续下跌。2014年天然气产量为164十亿立方英尺。2007年同样是丹麦石油产量下跌的一年，丹麦能源管理局预计丹麦在2018年之前能保证石油自给自足。丹麦的天然气消费量则稳定在150十亿立方英尺，存在小幅波动。

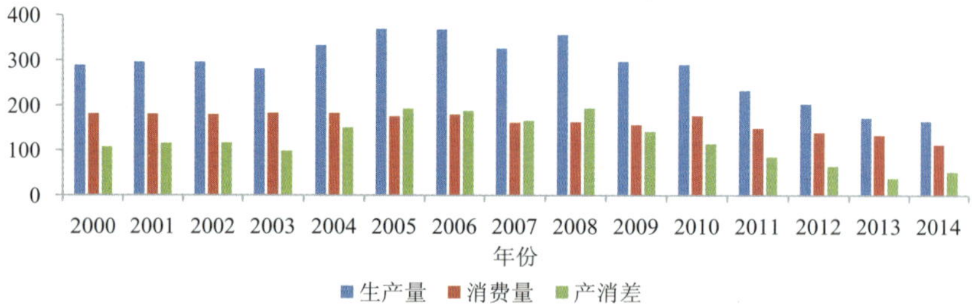

图4-18　丹麦天然气产消量与产消差时间变化趋势（单位：十亿立方英尺）

1　http://gas.in-en.com/html/gas-2715376.shtml

4.2.2.6　其他国家

由表4-4可知，芬兰、冰岛、瑞典的天然气生产量几乎为0，冰岛的天然气消费量也为0，芬兰和瑞典的天然气消费量如图4-19所示。芬兰的天然气消费量远高于瑞典，2000—2010年在160十亿立方英尺上下波动，2010年以后持续下跌，至2014年为108十亿立方英尺。瑞典的天然气消费量则稳定在40十亿立方英尺上下波动。

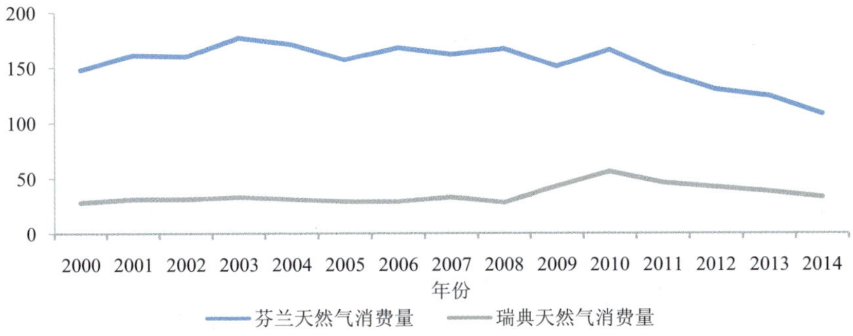

图4-19　芬兰和瑞典天然气消费量趋势变化图（单位：十亿立方英尺）

4.3　北极国家油气产消区域差异与贸易流向分析

油气资源产消差是空间过程的动力，也是横向贸易流向的主要指标。油气资源供求关系的空间差异，使得各地区为满足自身不断增长的油气消费需求，不断向外拓展供应保障范围。需求量、产消差与距离是衡量空间贸易流向的主要指标。另外，各国间油气资源贸易关系与其政治经济和外交关系也有着一定的联系。

4.3.1　空间区域差异

4.3.1.1　北极国家石油产消量区域差异

北极国家石油生产量差距比较大，俄罗斯的产量一直遥遥领先，其值超过其他七个国家总和；其次是挪威和加拿大，自2006年开始，加拿大的石油生产量超过挪威成为北极地区石油第二大生产国。如图4-20所示，2000—2015年，保持持续增长的国家为俄罗斯和加拿大。芬兰、瑞典和冰岛也有一定程度的增长，但是三者总量在最高年份也不超过30千桶/日，与两个生产大国俄罗斯和加拿大相比，其值微乎其微。美国（阿拉斯加）石油生产量呈现逐步降低的趋势。从北极各国石油生产量占比的变化来看（图4-21），俄罗斯石油生产量最高，且占比逐年上升。2000年石油生产量仅次于俄罗斯的是挪威，但挪威占比逐年下跌，从2000年的23.66%到2015年的10.78%。从北极各国石油生产总量上看，除冰岛、挪威、丹麦、美国（阿拉斯加）外，其余各国石油生产量均有所增加。从占比来看，俄罗斯始终占据产量中心地位，加拿大、挪威次之。

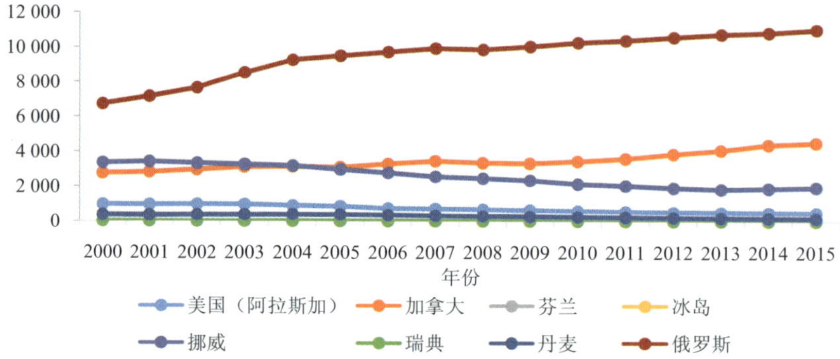

图4-20　2000—2015年北极国家石油生产量趋势图（单位：千桶/日）

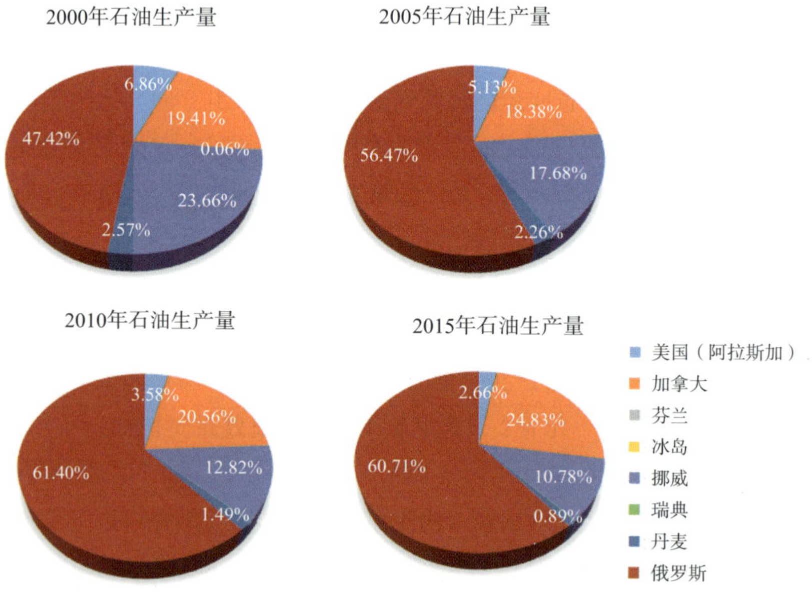

图4-21　北极各国石油生产量占比变化

4.3.1.2　北极国家天然气产消量区域差异

北极八国天然气生产总量呈现波动增长趋势，如图4-22所示。俄罗斯和加拿大的天然气生产量占据绝对优势，几乎每年都是八国总产量的85%以上，挪威占比稳定增长，美国（阿拉斯加）和丹麦占比逐步下降，而瑞典、芬兰、冰岛基本为0。丹麦、俄罗斯、加拿大产消差大于零，但逐步减小。挪威产消差大于零且持续增长。也就是说，瑞典、芬兰、冰岛依然是天然气需求国，俄罗斯、加拿大和挪威产消差较大，丹麦和美国（阿拉斯加）产消差较小。

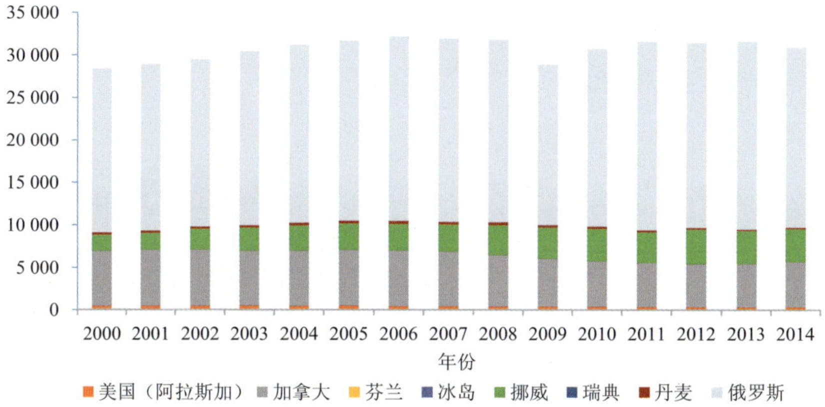

图4-22　北极八国天然气生产量结构组成与变化过程（单位：十亿立方英尺）

4.3.2　贸易流向分析

油气资源贸易产生的动力来自于产消差，虽然整个北极地区油气资源非常丰富，但是从北极国家来看，各国之间的供需是极其不平衡的。因本书对北极国家油气资源的研究和分析主要以北极国家油气资源是否存在对外合作空间为基础。芬兰、冰岛、瑞典的石油天然气产消差皆为负数，说明这三个国家各自的油气供应远远不能满足其自身消费的需求。这里认为这三个国家是油气资源需求国，不具备对外出口的空间。因此，在后续的相关分析过程中，将不对这三个国家进行重点讨论。

4.3.2.1　石油贸易流向

北极国家中，石油产消差为正值的是俄罗斯、加拿大、挪威、丹麦和美国（阿拉斯加），产量过剩即供大于求，促使北极这五个国家生产的石油资源需要通过贸易手段出口至其他国家或地区。《BP世界能源统计年鉴》中的数据显示，北极国家中俄罗斯、加拿大两国石油对外出口量较大，俄罗斯第一，加拿大第二。如图4-23所示，俄罗斯是全球重要的石油输出中心，石油出口的主要市场是欧洲，其次是中国、独联体国家、美国、日本、新加坡和其他亚太地区。2016年其向欧洲和中国的石油出口量依次为266.7百万吨、54.8百万吨，占其国家石油出口总量的比例分别为62.76%、12.9%。加拿大石油出口市场非常集中，主要是美国，占其国家石油出口总量的绝大部分，其次是欧洲，出口量与第一名的美国相差很大。2016年加拿大向美国出口石油188.6百万吨，占其出口总量的97.29%，向欧洲出口3.7百万吨，占比为1.91%，向中国出口0.3百万吨，占比仅仅0.17%。

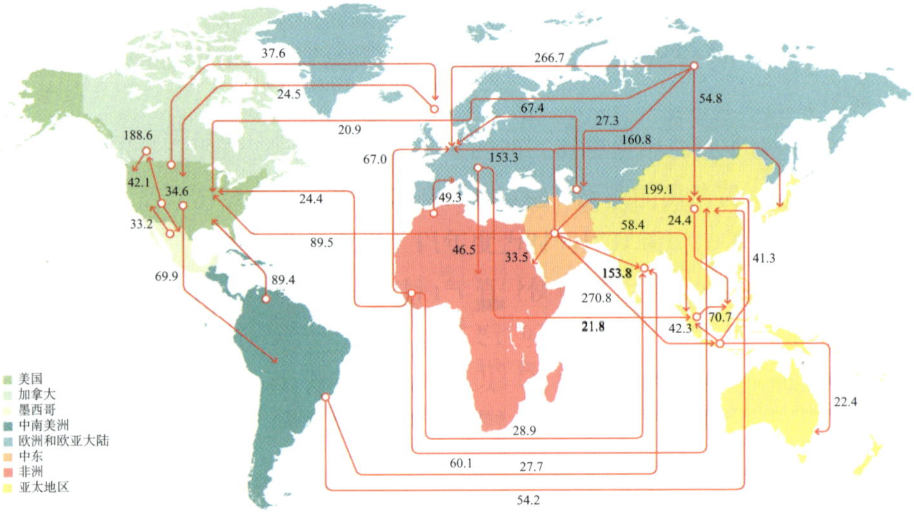

图4-23　2016年全球石油贸易流向（单位：百万吨；数据来源于BP网站）

挪威是世界主要产油国，也是继沙特和俄罗斯之后的世界第三大石油输出国。近些年来，其石油消费量基本保持平稳，由于国内石油消费量仅占产量的很小份额，大量石油需要出口（王越等，2009）。其中原油大多通过巨型油轮送往位于欧洲西北部的各大炼油厂，2007年平均每天出口原油和油品231万桶，主要出口到英国（占36%）、荷兰、法国和美国[1]。

丹麦在北海有大量石油和天然气，是西欧第三大产油国，也是西欧最大

1　https://www.zhihu.com/question/35131346?sort=created

的天然气生产国之一，石油产量排在挪威和英国之后。丹麦所属北海区域的石油和天然气产量自1972年第一口油井成功产油后不断增长，使其自1997年起实现了油气资源的自给自足。

4.3.2.2　天然气贸易流向

北极国家中，天然气产消差为正值的是俄罗斯、加拿大、挪威、丹麦和美国（阿拉斯加），即供大于求。因此，北极这五个国家的天然气资源也需要通过贸易手段出口至其他国家或地区。纵观北极国家管道和液化天然气（LNG）贸易现状与发展趋势，对全球天然气贸易格局和竞争有相当的影响和启示。面对液化天然气不断增长的供应压力，俄罗斯必须积极竞争才能维持其市场份额。

据《BP世界能源统计年鉴》，2016年，俄罗斯管道天然气和液化天然气分别出口190.8和14.0十亿立方米。其中，管道天然气主要出口至欧洲和其他独联体国家，液化天然气主要出口至亚洲的日本、韩国和中国，如图4-24所示。随着液化天然气贸易重要性的提高，全球天然气市场很可能出现实质性的变化，更深层次和更具竞争性的市场结构很可能会促使液化天然气贸易向更加灵活的商业模式转变。大量的浮式液化天然气储存和再气化装置提高了液化天然气供应的灵活性，或许俄罗斯可以在这些方面有所作为，为液化天然气的加大出口提供保障和支持。

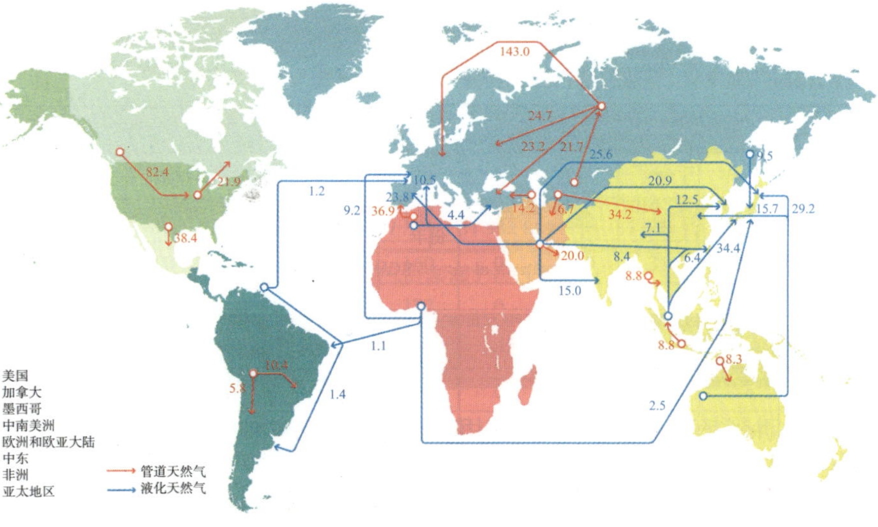

图4-24　全球天然气主要贸易流向（单位：十亿立方米；数据来源于BP网站）

加拿大是世界第三大天然气生产国（仅次于美国和俄罗斯）和第二大天然气出口国（仅次于俄罗斯），天然气几乎全部出口至美国。加拿大主要对外出口管道天然气，与石油一样，绝大多数出口至美国，2016年出口82.4十亿立方米。加拿大有510 000千米的长输和输配管网，基础设施规模巨大。加拿大天然气管道系统与美国管道系统高度互联（见表4-5），而液化天然气出口也是贸易化的关键选择。由于美国市场的下降和内需增长，加拿大生产商必须增加LNG市场多元化，寻求相对接近的亚洲市场，如日本和中国等。

挪威是化石燃料供应大国，世界第三大天然气出口国，也是世界第一大海底天然气管道运营国。大部分燃油和天然气都是出口欧洲的，主要通过总长超过8 300千米的运输管道运向欧洲大陆，包括德国、法国和英国[1]等国家。2016年出口至德国、英国、新西兰和法国等欧洲国家的管道天然气分别为29.7十亿立方米、28.7十亿立方米、18.6十亿立方米、19.6十亿立方米。挪威液化天然气的出口地相对分散，包括南北美洲、欧亚地区、亚太地区以及部分非洲国家。2016年向中国出口0.2十亿立方米液化天然气。挪威天然气管道由Gassco负责日常运营和管理，值得一提的是Langled Pipeline，连接挪威中部的Nyhamna天然气处理中心和英国的Easington接收站，总长1 166千米，最大水深1 100米，向英国市场提供了大约20%的天然气。

表4-5　加拿大天然气输送管道分布

天然气管道经营者	管道长度（千米）	每天输气量（亿立方英尺）	链接区域
TransCanada	40 000	140	加拿大西部和美国
SpectraEnergy	2 900	29	加拿大西部天然气产区、美国与加拿大消费市场
			沿海和东北管道链接美国东部的消费者
Enbridge Veresen（Alliance）	3 700	16	加拿大西部盆地到芝加哥、伊利诺斯

丹麦是天然气净出口国，充分利用国内石油和天然气资源，但没有形成

1　http://www.sohu.com/a/81912855_179736

依赖，一方面满足国内能源需求，另一方面也择机出口创汇，借国际高油价之机进行油气出口，做到利益最大化。丹麦的天然气，仅2017年12月就出口2.4亿立方米，分别出口至德国、瑞典和荷兰，出口量分别为0.3亿立方米、0.9亿立方米和1.1亿立方米。可见，丹麦的天然气出口市场主要集中于欧洲地区。

4.3.3　北极国家油气资源出口至中国的统计分析

结合BP统计数据和以上结论，总结分析上述国家油气资源出口至中国的现状，如表4-6所示。需要说明的是，BP数据库未有阿拉斯加州的进出口数据，这里主要讨论美国油气资源出口至中国的贸易现状。

表4-6　北极五国油气资源产消差和出口量

<table>
<tr><th colspan="2">2016</th><th>俄罗斯</th><th>加拿大</th><th>美国</th><th>挪威</th><th>丹麦</th><th>中国进口总量</th></tr>
<tr><td colspan="2">石油产消差</td><td>406.3</td><td>117.3</td><td>−320.1</td><td>80.0</td><td>–</td><td rowspan="6"></td></tr>
<tr><td colspan="2">天然气产消差</td><td>188.5</td><td>52.1</td><td>−188.5</td><td>111.7</td><td>1.3</td></tr>
<tr><td colspan="2">原油出口量</td><td>274.0</td><td>164.4</td><td>24.4</td><td></td><td></td></tr>
<tr><td colspan="2">成品油出口量</td><td>151.0</td><td>29.4</td><td>204.1</td><td></td><td></td></tr>
<tr><td colspan="2">PIPELINE出口总量</td><td>190.8</td><td>82.4</td><td>60.3</td><td>109.8</td><td rowspan="2">2.2</td></tr>
<tr><td colspan="2">LNG出口总量</td><td>14.0</td><td>–</td><td>4.4</td><td>6.3</td></tr>
<tr><td rowspan="4">出口中国</td><td>原油</td><td>52.5</td><td>0.2</td><td>0.5</td><td>–</td><td>–</td><td>382.6</td></tr>
<tr><td>成品油</td><td>2.3</td><td>0.2</td><td>7.2</td><td>–</td><td>–</td><td>74.5</td></tr>
<tr><td>PIPELINE</td><td>–</td><td>–</td><td>–</td><td>–</td><td>–</td><td>38.0</td></tr>
<tr><td>LNG</td><td>0.3</td><td>–</td><td>0.3</td><td>0.2</td><td>–</td><td>34.3</td></tr>
</table>

注：涉及石油的单位均为百万吨，涉及天然气的单位均为十亿立方米；空白处是没有数据，–代表0；表中数据除丹麦天然气出口量数据（来自丹麦能源署）外，其他均来自BP网站。

根据BP统计数据，北极五国石油和天然气资源产消差除美国外，俄罗斯、加拿大、挪威三个国家油气产消差均为正值，丹麦天然气产消差为正值。2016年俄罗斯的原油与成品油出口量较大，其中，出口中国的原油量为52.2百万吨，占中国进口原油总量的13.6%，而出口中国的成品油只有2.3百万吨，不及其出口量的1%，占中国进口成品油的4.1%。俄罗斯天然气出口量也是北极国家最高的，其中管道天然气出口占主导，但其出口至中国的管道天然气为

0，液化天然气也只有0.3十亿立方米。加拿大石油产消差在北极国家中仅次于俄罗斯，出口量也较大，主要以原油出口为主，出口国以美国占主导，其次是欧洲。2016年出口至中国的原油和成品油均为0.2百万吨，仅占中国原油和成品油进口的0.05%和0.27%。加拿大天然气出口仅限于管道天然气，且出口完全依赖美国，未出口至中国。挪威油气资源产消差也较大，具备相当的出口能力，尤其是天然气资源。2016年仅管道天然气出口达109.8十亿立方米，液化天然气出口6.3十亿立方米，仅次于俄罗斯，但是，出口至中国的仅有0.2十亿立方米的液化天然气，原因主要是挪威的油气出口市场以欧洲国家为主，再加上地理相距较远，没有建立互通的天然气管道，与中国的油气贸易往来自然较少。丹麦也是北极地区天然气资源出口国，2016年天然气出口量为2.2十亿立方米，但未有油气资源出口至中国。虽然美国的油气产消差均为负，但是美国位于北极的阿拉斯加州的油气产消差为正值，存在一定的贸易出口空间。

4.4 小结

本章分析了2000—2016年北极八个国家的油气产消量的时间变化趋势。石油方面，挪威、丹麦和美国（阿拉斯加）均有下降趋势；俄罗斯和加拿大呈现上升趋势，其中，俄罗斯石油产消差占生产量比重呈现增长趋势，2015年为67.78%，加拿大为46.70%。天然气方面，俄罗斯和加拿大的天然气生产量占据绝对优势，几乎每年都占八国总产量的85%以上；由于芬兰、冰岛、瑞典属于油气资源需求国，石油天然气不具备对外出口的空间。因此，在后续相关分析过程中，将不对这三个国家进行重点讨论。

北极五国（A5）中，油气资源具备对外出口空间的国家前三名依次是俄罗斯、加拿大、挪威，美国（阿拉斯加）石油出口排名第四，丹麦天然气出口排名第四。在北极五国油气资源的区域差异和贸易流向分析中，俄罗斯、挪威、丹麦的主要出口市场是欧洲，加拿大的主要出口市场是美国。俄罗斯出口中国的石油占其出口总量的12.9%，加拿大出口中国的石油量极少，其他国家未有统计数据，俄罗斯和挪威出口至中国的天然气只有0.3十亿立方米，其他国家也未有统计数据。因此，仅从对外出口的角度考虑，北极国家与中国还有较大的合作空间。

第5章 北极国家油气资源的经济贡献分析

综合北极国家地理位置、国际地位、国际影响力以及在北极事务中发挥的作用来看，北极五国分别代表不同的利益集团，油气资源对其国民经济发展有着不同程度的影响，各国对能源利用效率也不尽相同。分析各国经济发展对油气资源的依赖程度，从经济发展与油气资源开发利用相互关系的角度进行比较分析，探索有利于各国经济发展的油气资源可持续利用的合作共赢之路。

油气产业是俄罗斯的支柱产业，在加拿大国民经济与贸易中也占有举足轻重的地位，挪威油气出口是其经济崛起的根源，美国阿拉斯加州也以石油和天然气产业为支柱产业。可见，油气产业对于北极国家的经济发展都起到举足轻重的作用，但是目前针对北极国家油气资源利用效率及其对经济增长的重要作用，尚未有基于数据的明确分析。

基于前述北极油气资源的已探明和待发现储量以及国际油气价格的波动，目前仅用直观的货币价值来分析其潜在油气资源的经济贡献不具备实际意义。因此，本章借助能源效率指标和协整模型，从终端消费的角度来分析各国的油气资源消费与经济增长之间的关系。从各国对油气资源的利用程度以及对经济增长的促进作用等角度，分析各国经济发展对油气资源的依赖程度，为下一步国际合作分析提供经济方面的基础依据。

5.1 数据来源

本章所用时间序列数据主要由产出要素数据GDP和能源消费量数据构成。收集环北极各国能源消费量与经济增长数据，以石油、天然气消费总量数据代表能源消费，以各国GDP数据代表经济增长。数据来源见表5-1，其中，俄罗斯、加拿大、挪威和丹麦的数据来源一致，GDP数据均来自于世界银行数据库。为消除通货膨胀的影响，以2010年为基期计算出的不变价GDP（单位为美元），能源消费量数据则采用BP数据库中石油天然气消费总量数据（单位为吨油当量）。由于美国的大部分国土均位于北极圈以南，只有阿拉斯加州地处北极要塞，因此，考虑阿拉斯加州的地理位置，以及其作为美国北极战略切入点的地位，美国数据只选取阿拉斯加州数据，GDP数据来源于美国商务部经济统计分析局（BEA数据库），油气消费量数据来源于美国能源信息管理局（U.S. Energy Information Administration，EIA）。需要说明的是，由于数据库中针对各国数据存在时间上的差异，为保持数据时间序列的完整性和尽可能多的样本量，各国选取的时间序列数据不一致。其中，俄罗斯选择1989—2016年为样本期，共28个样本数据；加拿大、挪威和美国（阿拉斯加）数据选择1980—2016年为样本期，共37个样本数据；丹麦选择1985—2016年为样本期，共33个样本数据。

表5-1　相关数据来源

<table>
<tr><th>国家</th><th>数据来源</th><th>数据范围</th><th>数据样本量</th></tr>
<tr><td>俄罗斯</td><td rowspan="4">1.GDP数据均来自世界银行；
2.油气消费量数据来源于BP统计数据</td><td>1989—2016年</td><td>28</td></tr>
<tr><td>加拿大</td><td>1980—2016年</td><td>37</td></tr>
<tr><td>挪威</td><td>1980—2016年</td><td>37</td></tr>
<tr><td>丹麦</td><td>1985—2016年</td><td>33</td></tr>
<tr><td>美国
（阿拉斯加）</td><td>1.GDP数据来源于美国商务部经济统计分析局（U.S. Bureau of Economic Analysis，BEA）；
2.油气消费量数据来源于EIA统计数据</td><td>1980—2016年</td><td>37</td></tr>
</table>

5.2　基于油气资源的能源生产率分析

本节根据能源生产率理论，在分析北极各国能源生产率发展趋势的基础上，运用ARIMA模型进行能源生产率的预测，从预测趋势来分析各国油气资源对经济的重要作用。根据前述能源生产率的界定和公式，计算得到北极五国1980—2016年的能源生产率（EP）。为统一比较和分析，趋势变化分析图中只显示了1990—2016年的数据，同时计算中国的能源生产率与之对比，如图5-1所示。

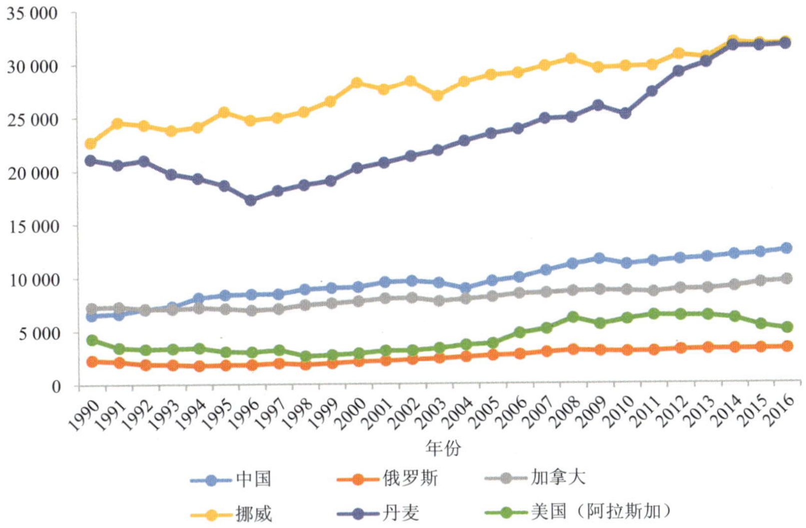

图5-1 北极五国与中国能源生产率趋势变化图（单位：美元/吨石油当量）

5.2.1 俄罗斯

基于俄罗斯的能源生产率数据，分析1989—2016年间俄罗斯单要素能源生产率时序变化，如图5-1所示。总体上，俄罗斯能源生产率相对较低，随着时间的推移，技术水平和利用效率不断提高，从1989年的1 655美元/吨油当量增长至2016年的3 257.6美元/吨油当量。Russia_EP序列有明显的线性趋势，需要考虑差分序列去趋势，通过差分序列时序图分析发现差分后序列没有明显的趋势。对差分序列进行平稳性检验，ADF检验统计量的P值为0.003 7，远小于0.05，在5%的显著性水平下拒绝序列不平稳的原假设，即认为Russia_EP差分序列平稳。

若序列平稳且没有自相关性，则认为序列的信息已经提取充分，建模分析工作可以停止。因而对Russia_EP差分序列（平稳）进行自相关性检验，检验后认为差分序列具有自相关性，这里考虑用ARMA（p，q）模型对Russia_EP差分序列进行建模分析。参数p和q的确定跟序列自相关系数图和偏自相关系数图的截尾阶数有关，自相关系数具有拖尾性，偏自相关系数在滞后一阶以后都远小于两倍的标准差，因此考虑序列是偏自相关系数一阶截尾。用ARMA（1，0）模型对EP差分序列进行拟合，即用ARIMA（1，1，0）对EP序列进行建模分析，模型拟合度R^2=0.966，滞后一阶系数为0.406，P值为0.034<0.05，拟合效果良好。对残差序列（Russia_RES）的平稳特征和自相关

性特征进行检验，检验结果认为没有自相关性，因此结束建模分析工作。公式（5−1）即为得到的俄罗斯能源生产率预测模型，可见，滞后一阶和滞后二阶的能源生产率均对当期能源生产率有影响，前者呈现正向的提高作用，系数为1.406，说明其正向影响作用较大，后者是负向影响，影响作用相对较小。由此得到的能源生产率预测数据如表5−2所示。

$$EP_t = 26.721 + 1.406EP_{t-1} - 0.406EP_{t-2} + RES_t \quad (5-1)$$

表5−2 北极五国能源生产率预测

单位：美元/吨石油当量

年份	俄罗斯	加拿大	挪威	丹麦	美国（阿拉斯加）
2017	3 290.93	9 660.59	32 102.11	31 967.77	4 960.91
2018	3 322.60	9 767.67	32 438.81	32 340.10	4 729.04
2019	3 353.60	9 874.76	32 775.52	32 712.43	4 606.81
2020	3 384.33	9 981.84	33 112.22	33 084.76	4 418.51
2021	3 414.95	10 088.93	33 448.93	33 457.09	4 270.03
2022	3 445.52	10 196.02	33 785.63	33 829.42	4 097.55
2023	3 476.07	10 303.10	34 122.34	34 201.75	3 939.53
2024	3 506.62	10 410.19	34 459.04	34 574.08	3 772.80
2025	3 537.16	10 517.28	34 795.75	34 946.41	3 611.32
2030	3 689.87	11 052.71	36 479.28	36 808.07	2 793.24

5.2.2 加拿大

针对加拿大能源生产率时间序列数据特性，分析1980—2016年间加拿大单要素能源生产率时序变化，如图5−1所示。总体上，加拿大能源生产率不断提高，从1980年的5 698美元/吨石油当量增长至2016年的9 553.5美元/吨石油当量。对加拿大Canada_EP序列进行差分序列去趋势并进行平稳性检验，发现在5%的显著性水平下拒绝序列不平稳的原假设，即Canada_EP差分序列平稳。

对Canada_EP差分序列进行自相关性检验，认为在5%的置信水平下差分序列不具有自相关性，所以用ARIMA（0，1，0）对原序列进行建模分析。模型拟合度R^2=0.944，拟合效果较好，常数项为107.086，P值为0.002<0.05，即在5%的显著性水平下认为常数项显著。模型表达式如式（5−2）：

$$EP_t = 107.086 + EP_{t-1} + RES_t \tag{5-2}$$

对残差序列（Canada_RES）的平稳特征和自相关性特征进行检验，发现该残差序列平稳，没有自相关性。因此，对序列数据的建模分析工作结束，公式（5−2）即为得到的能源生产率预测模型，预测得到的加拿大能源生产率数据如表5−2所示。

5.2.3　挪威

挪威1980—2016年间单要素能源生产率时序变化如图5−1所示。总体上，挪威能源生产率最高且呈明显上升趋势，从1989年的19 644美元/吨石油当量增长到近31 765美元/吨石油当量。对挪威的Norway_EP序列进行差分和平稳性检验，认为该差分序列平稳。然后对Norway_EP差分序列进行自相关性检验，结果发现该差分序列不具有自相关性。用ARIMA（0，1，0）对原序列进行建模分析。模型拟合度R^2=0.943，拟合效果较好，模型表达式如式（5−3）：

$$EP_t = 336.706 + EP_{t-1} + RES_t \tag{5-3}$$

对残差序列（Norway_RES）的平稳性和自相关性特征进行检验，认为残差序列平稳且没有自相关性。所以对数据的建模分析结束，公式（5−3）即为得到的能源生产率预测模型，预测得到的挪威能源生产率数据如表5−2所示。

5.2.4　丹麦

丹麦1985—2016年间单要素能源生产率时序变化如图5−1所示，总体上，丹麦能源生产率较高，呈先下降后快速上升趋势，从1985年的19 680美元/吨石油当量增长到近31 595美元/吨石油当量。Denmark_EP序列有明显的线性趋势，对原始序列进行差分和平稳性检验，认为在5%的显著性水平下差分序列平稳，且不具有自相关性。考虑用ARIMA（0，1，0）对原序列进行建模分析，模型表达式如公式（5−4）。模型拟合度R^2=0.962，拟合效果较好。对模型的残差序列进行平稳特征和自相关性特征进行检验，认为序列没有自相关性。因此，公式（5−4）即为得到的能源生产率预测模型，预测数据如表5−2所示。

$$EP_t = 372.331 + EP_{t-1} + RES_t \tag{5-4}$$

5.2.5　美国（阿拉斯加）

分析1980—2016年间美国（阿拉斯加）的单要素能源生产率时序变化，如

图5–1所示。阿拉斯加的单要素能源生产率自1981—1998年经历了很大的下跌，特别是从1981年的14 377.7美元/吨石油当量下降到1982年的7 398.7美元/吨石油当量，一年间下降了一半。本书基于阿拉斯加的经济和油气资源消费数据，做出两者的时间序列变化图，如图5–2所示。结果显示，20世纪80年代，阿拉斯加州经济持续下降，但能源消耗不减反增，从而导致80年代阿拉斯加州能源生产率数据的持续下降。由图5–2可以看出，Alaska_EP序列有明显的趋势走向，对其进行差分处理和平稳性检验，认为在5%的显著性水平下Alaska_EP差分序列平稳。

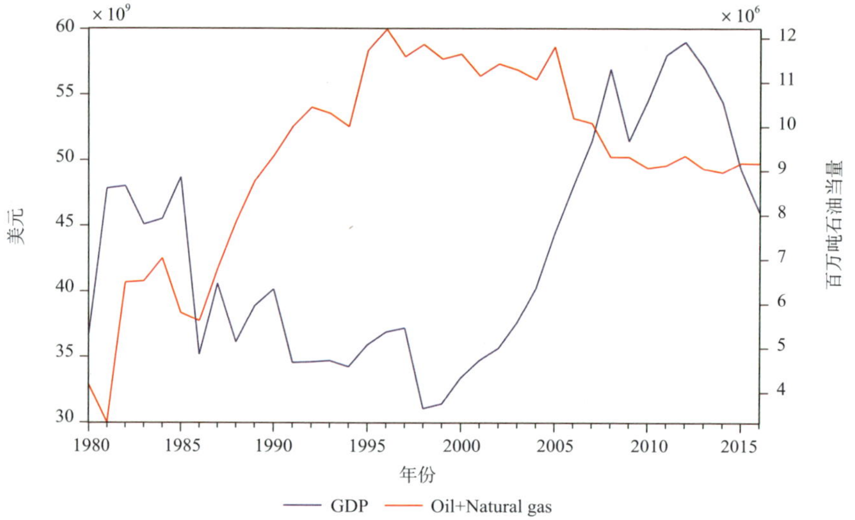

图5–2　美国（阿拉斯加）能源消费和经济增长时序图

对Alaska_EP差分序列进行自相关性检验，发现Alaska_EP差分序列具有自相关性，采用偏自相关系数一阶截尾，用ARMA（1，0）模型对Alaska_EP差分序列进行拟合，即用ARIMA（1，1，0）对原始序列进行建模分析，得到的模型表达式如下：

$$EP_t = -163.455 + 0.397EP_{t-1} + 0.603EP_{t-2} + RES_t \qquad (5-5)$$

对残差序列（Alaska_RES）的平稳特征和自相关性特征进行检验，可知，Alaska_RES序列平稳，没有自相关性，对数据的建模分析工作结束，公式（5–5）为阿拉斯加能源生产率预测模型。可见，阿拉斯加的能源生产率与滞后一阶和二阶的能源生产率均存在线性关系，系数分别为0.397和0.603，说明滞后二阶的能源生产率对当期能源生产率影响较大，这与其他北极各国结果均不同。根据公式（5-5）预测得到的阿拉斯加能源生产率数据，结果如表5-2所示。阿拉斯加能源生产率随时间呈现不断下降的趋势，即单位能源消费带来的经济增长将越来越小，这可能与阿拉斯加近年经济发展水平和油气资源生产量下降有关。

5.2.6　北极五国比较分析

基于北极各国和中国油气资源的能源生产率现状分析，由高到低排名分别是：挪威、丹麦、中国、加拿大、美国（阿拉斯加）、俄罗斯（见表5-3）。挪威和丹麦的能源生产率最高，这里认为其是能源高效区，中国和加拿大属能源中效区，俄罗斯和美国（阿拉斯加）属能源低效区。根据分类，可以看出能源高效区不仅在油气资源勘探开发的技术水平方面占据领先优势，其绿色环保的理念也贯穿于资源开发利用的始终。能源生产率中效区的中国和加拿大，中国略高于加拿大，说明中国在近些年的经济发展中，注重提高能源使用效率，在这方面的技术也有所提升，占据一定的优势。而低效区的俄罗斯和美国（阿拉斯加），其能源使用效率较低，经济发展也需要投入更多的油气资源。从ARIMA模型预测的结果来看，除美国（阿拉斯加）的能源生产率会随时间逐渐降低外，其他国家的能源生产率均呈现递增趋势，且在2021年，丹麦的能源生产率将超过排名第一的挪威。

表5-3　北极国家基于能源生产率的比较分类与分析

分类指标	挪威	丹麦	中国	加拿大	美国（阿拉斯加）	俄罗斯
综合技术排名	1	2	3	4	5	6
能源生产率预测	逐渐升高，2021年丹麦超过挪威，排名第一				降低	升高
能源生产率	能源高效区		能源中效区		能源低效区	

5.3　基于协整模型的经济影响评价

近年来，国内外不少学者利用协整和误差修正模型技术分析经济增长与能源消费的关系，但研究结果并没有表现出一致性。不同研究方法、不同国家、不同时期的样本数据，都可能导致不同的结论。本节基于协整和误差修正模型分析了油气资源消费与经济增长之间的关系，并对比分析了北极各国之间的差异。

鉴于部分国家数据的时间序列范围相对较小，主要选取ADF检验、NP检验和KPSS检验三种方式，确定油气消费总量和GDP数据序列的单整阶数。建模基本步骤主要是：①ADF/NP/KPSS序列单整检验；②构建ARDL模型进行协整检验，检验通过后，进行步骤③；③建立长期均衡关系和误差修正模型，然后讨论分析。若第②步没有通过检验，将结合数据序列情况和相应国家的经济、油气资源消费以及政策方面的因素进行讨论分析。

与5.2节一致，数据选取总量指标，以各国家的油气消费使用总量（这里的总量是指石油和天然气消费总量，单位为吨油当量）反映能源消费，记作fossil。为消除通货膨胀的影响，以2010年为基期计算出的不变价GDP（单位为美元）反映经济增长，记作GDP。为消除异方差的影响，对油气消费使用总量、GDP数据进行了对数化处理，分别记作ln*fossil*、ln*GDP*，其差分序列分别记作Δln*fossil*、Δln*GDP*。

5.3.1 俄罗斯

针对俄罗斯GDP与石油、天然气资源消费量数据的对数序列做时序图，如图5-3所示。可见，两序列的走势几乎是完全相同的，只是幅度不同。1990—1998年期间，二者呈现下降趋势；1998—2008年，二者均为有序上升趋势；2008—2009年，受国际金融危机的影响，二者出现小幅下降；2009年开始又慢慢回升，直至2014年；2015—2016年，又出现小幅下降波动。

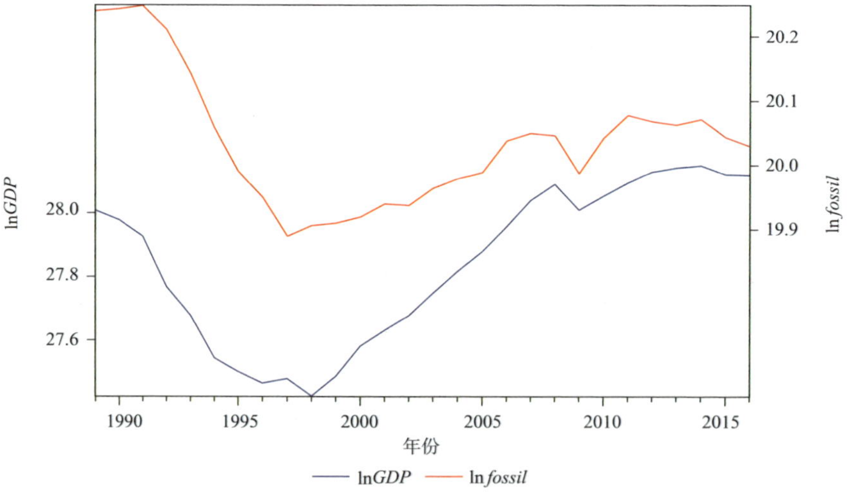

图5-3　俄罗斯GDP与油气消费量对数序列时序图

5.3.1.1　平稳性检验与模型构建

利用ADF检验和NP检验两种方法对选取的两个变量进行单位根检验。ADF检验结果表明，在5%的显著性水平下，GDP、油气消费量对数序列均为一阶单整。NP检验结果表明，在1%的显著性水平下，GDP对数序列是平稳的，在5%显著性水平下，GDP和油气消费对数序列均为一阶单整。

根据ARDL理论分别构建如下三种模型：模型（1）为不含常数项和趋势项的模型，模型（2）为含常数项但不含趋势项的模型，模型（3）为含常数项和趋势项的模型。俄罗斯数据样本量为28，设定模型滞后阶数不超过3。根据AIC和SIC准则确定最优滞后阶数，得到3种形式的最优ARDL模型估计结果。各模型在1%的显著性水平下，残差序列不存在一阶自相关、二阶自相关性。根据调整R^2最大，AIC和SIC最小的原则，选择最优ARDL模型为含常数项和趋势项的ARDL（3，0）模型，建立与其一一对应的条件误差修正回归式，如式（5-6），据此进行边界协整检验，并对残差序列进行分析，如图5-4所示。

$$\Delta \ln GDP_t = a_0 + a_1 t + b_0 \ln GDP_{t-1} + b_1 \ln fossil_{t-1} + \sum_{i=1}^{m} c_{0,i} \Delta \ln GDP_{t-i} + \sum_{l=1}^{n} c_l \Delta \ln fossil_{t-l} + d\Delta \ln fossil_t + \varepsilon_t \quad (5-6)$$

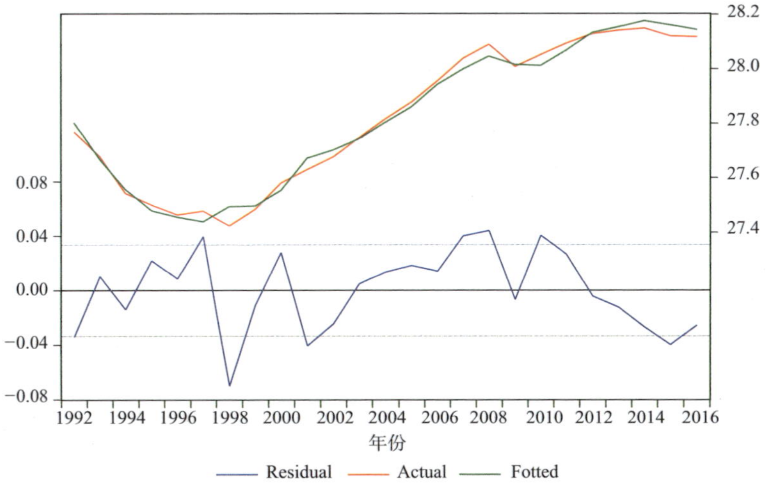

图5-4　俄罗斯GDP与油气消费协整拟合及残差图

对上述模型进行边界协整检验，与适用于本样本的边界值进行比较，认为在5%的显著性水平下，油气消费量与GDP之间是存在长期协整关系的，而含常数项和趋势项的ARDL（3，0）模型反映了它们之间的长期关系。

5.3.1.2 长期均衡关系和误差修正模型

首先限制趋势项，由含常数项和趋势项的ARDL（3，0）模型估计长期均衡关系式，结果如表5–4所示。趋势项和变量ln*fossil*的系数均是非常显著的，且系数为正，表明从长期来看，GDP存在增长的趋势，油气消费量的增加会带来经济的增长，1%的油气消费的增加会带来约1.403%的经济增长。

表5–4 俄罗斯GDP和油气消费量对数序列的长期均衡关系

变量	系数	标准误差	t 统计量	P值
ln*fossil*	1.403205	0.172482	8.135361	0.0000
@*TREND*	0.026387	0.001820	14.49924	0.0000
$EC = \ln GDP-(1.4032*\ln fossil+0.0264*@TREND)$				

建立误差修正项，分析油气消费量与经济增长之间的短期动态关系，结果见表5–5。可见，误差修正项的系数为−0.636 004，在1%的显著性水平下拒绝原假设。另外，其系数符号为负，并且不小于−1，符合反向修正机制的要求，其绝对值说明短期冲击导致的偏离将以较快的速度恢复到长期均衡水平。$D(\ln GDP^{(-1)})$、$D(\ln GDP^{(-2)})$的系数分别在10%和5%的显著性水平下为正，说明滞后期的经济增长对前期有正向作用，$D(\ln fossil)$的系数在1%的显著性水平下为正，且1.068102的绝对值进一步说明，油气消费量的增加会促进经济增长。

表5–5 俄罗斯GDP和油气消费量对数序列的误差修正模型

变量	系数	标准误差	t 统计量	P值
C	−0.397 776	0.088 274	−4.506 124	0.000 2
$D(\ln GDP^{(-1)})$	0.263 456	0.131 667	2.000 925	0.059 2
$D(\ln GDP^{(-2)})$	0.319 729	0.135 691	2.356 295	0.028 8
$D(\ln fossil)$	1.068 102	0.223 465	4.779 732	0.000 1
$ECM(-1)$	−0.636 004	0.135 664	−4.688 071	0.000 1
R-squared	0.816 554	Mean dependent var		0.007 711
Adjusted R-squared	0.779 864	S.D. dependent var		0.069 186
F-statistic	22.255 930	Durbin-Watson stat		1.774 500
Prob(F-statistic)	0.000 000			

5.3.1.3　讨论与分析

本节利用ARDL边界协整技术分析了俄罗斯以1989—2016年为样本期的GDP与油气资源消费量序列之间的协整关系，结果表明，两序列之间存在长期协整关系，且为正向关系，1%的油气消费的增加会带来1.403%的经济增长。通过误差修正模型分析两序列间的短期动态关系，误差修正项的系数表明，短期冲击导致的偏离将以较快的速度恢复到长期均衡水平，且滞后期的经济增长对前期有正向作用。油气资源对俄罗斯GDP有很大贡献，油气产业在GDP中占很大比重，俄罗斯经济对自然资源依赖仍较强。

5.3.2　加拿大

加拿大GDP与油气消费量对数序列时序图见图5-5，两序列有相同的增长趋势，但油气消费量对数序列的波动频率相对较高，两序列可能存在协整关系。

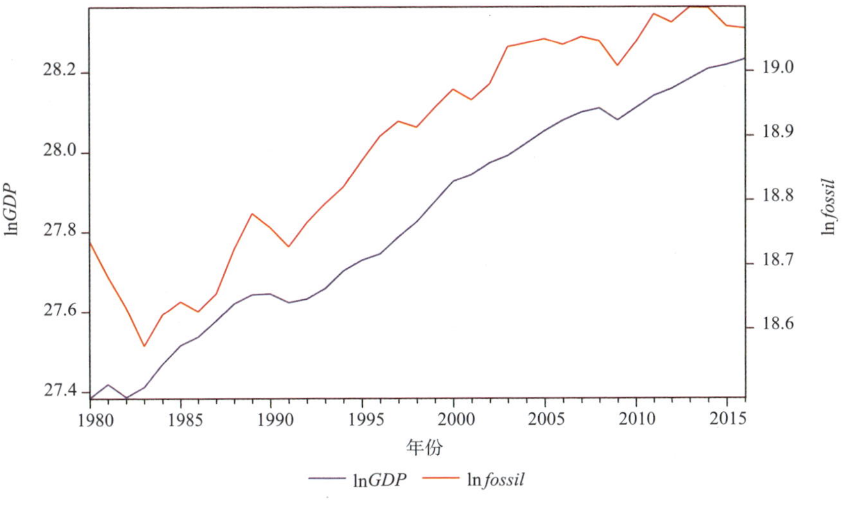

图5-5　加拿大GDP与油气消费量对数序列时序图

5.3.2.1　平稳性检验与模型构建

与俄罗斯数据序列的检验方式相同，均利用ADF检验和NP检验对选取的两个变量进行单位根检验。ADF检验结果表明，在5%的显著性水平下，GDP、油气消费量对数序列均为一阶单整；NP检验结果表明，在1%的显著性水平下，油气消费量对数序列是平稳的，GDP对数序列在1%显著性水平下为一阶单整。

根据ARDL模型的检验方式，分别构建模型（1）为不含常数项和趋势项的模型，模型（2）为含常数项但不含趋势项的模型，模型（3）为含常数项和趋势项的模型。加拿大数据样本量为37，设定模型滞后阶数不超过3，根据SIC准则确定最优滞后阶数。模型（3）含常数项和趋势项的ARDL（2，2）模型残差序列存在二阶自相关性，另外两个模型残差序列不存在自相关性。对于模型（3），考虑SIC次小的ARDL（2，3）模型，同时该模型是根据AIC准则筛选出的最优ARDL模型。但是，模型（2）的ARDL（2，3）模型调整R^2最小，AIC、SIC最大；模型（1）的ARDL（2，3）得出的SIC最小；模型（3）的ARDL（2，3）模型调整R^2最大，AIC最小。因此，选取模型（1）和模型（3）的ARDL（2，3）模型分别建立条件误差修正（ECM）回归式，进行边界协整检验。对于模型（3）含趋势项的ECM回归式，与适用于本样本的边界值进行比较，认为油气消费量与GDP之间是不存在长期协整关系的。对于模型（1）不含趋势项的ECM回归式，F检验得到的F值为13.08709，与适用于本样本的边界值进行比较，认为油气消费量与GDP之间是存在长期协整关系的，模型（1）的ARDL（2，3）模型反映了它们之间的长期关系。

5.3.2.2 长期均衡关系和误差修正模型

由模型（1），即不含常数项和趋势项的ARDL（2，3）模型估计长期均衡关系式，结果见表5-6。变量$\ln fossil$是非常显著的，且系数为正，表明从长期来看，油气消费量的增加会带来经济的增长。1%油气消费的增加会带来1.480%的经济增长。

表5-6 加拿大GDP和油气消费量对数序列的长期均衡关系

变量	系数	标准误差	t 统计量	P值
$\ln fossil$	1.479 775	0.002 578	573.898 0	0.000 0
$EC=\ln GDP-(1.4798*\ln fossil)$				

建立误差修正项，结果见表5-7。误差修正项的系数为−0.137 141，在1%的显著性水平下拒绝原假设，另外系数符号为负且不小于−1，符合反向修正机制的要求，说明短期的冲击导致的偏离将以较慢的速度恢复到长期均衡水平。$D(\ln GDP^{(-1)})$的系数在1%的显著性水平下为正，表明滞后一期经济增长对

当期具有正向作用，D（ln*fossil*）的系数在1%的显著性水平下为正，进一步说明了油气消费使用量增加会促进经济增长，而$D(\ln fossil^{(-1)})$和$D(\ln fossil^{(-2)})$的系数分别在5%和10%的显著性水平下为负，表明滞后一期和滞后二期的油气消费量对经济增长有反向作用，只是没有在当期显现。

表5-7　加拿大GDP和油气消费量对数序列的误差修正模型

变量	系数	标准误差	t统计量	P值
$D(\ln GDP^{(-1)})$	0.404 315	0.125 672	3.217 223	0.003 3
$D(\ln fossil)$	0.308 265	0.081 532	3.780 931	0.000 8
$D(\ln fossil^{(-1)})$	−0.210 688	0.088 736	−2.374 330	0.024 7
$D(\ln fossil^{(-2)})$	−0.150 961	0.076 463	−1.974 286	0.058 3
CointEq(−1)*	−0.137 141	0.026 340	−5.206 628	0.000 0
R-squared	0.547 211	Mean dependent var		0.024 860
Adjusted R-squared	0.484 757	S.D. dependent var		0.018 428
Durbin-Watson stat	1.881 551			

5.3.2.3　讨论与分析

本节利用ARDL边界协整技术，分析了加拿大以1980—2016年为样本期的GDP与油气资源消费量序列之间的协整关系。结果表明两序列之间存在正向协整关系，1%油气消费的增加会带来1.480%的经济增长。通过建立误差修正模型分析两序列之间的短期动态关系，表明短期冲击导致的偏离将以较慢的速度恢复到长期均衡水平，滞后一期经济增长对当期具有正向作用。

加拿大的油气资源对其经济影响较大，其石油天然气的出口贸易对经济增长的贡献也不可小觑。而且近年已经有越来越多的外国石油公司在加拿大投资，发展综合上游液化天然气项目，共同加强国际合作，提高天然气资源出口贸易量，进而促进经济增长。这同时也得益于加拿大接近亚洲市场的地理位置优势和较低的天然气价格，能够吸引新的投资者前来洽谈贸易。

5.3.3　挪威

挪威GDP与油气消费量对数序列时序图如图5-6所示，两序列有相同的增长趋势，但具有不同的波动特征，油气消费对数序列呈多峰态，ln*GDP*序列相对较平滑，从序列走势图上看，两序列可能存在协整关系。

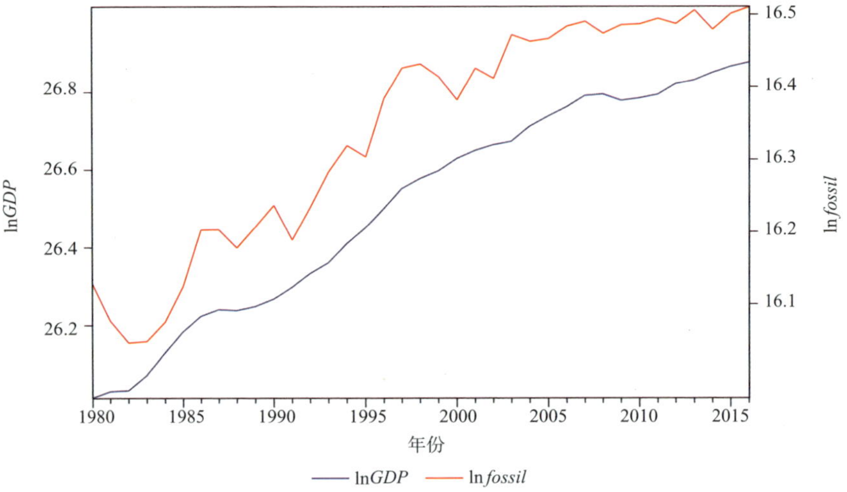

图5-6　挪威GDP与油气消费量对数序列时序图

5.3.3.1　平稳性检验与模型建立

利用ADF检验和NP检验对选取的两个变量进行单位根检验。ADF检验结果表明，在10%的显著性水平下，GDP、油气消费量对数序列均为一阶单整；NP检验结果表明，在5%的显著性水平下，GDP、油气消费量对数序列均为一阶单整。

挪威数据样本量为37个，设定模型滞后阶数不超过3，根据SIC准则确定最优滞后阶数，分别建立：（1）不含趋势项和常数项、（2）只含常数项、（3）含趋势项和常数项三种形式的最优ARDL模型。结果显示，各个模型在1%的显著性水平下残差序列均不存在一阶自相关、二阶自相关性。模型（1）为ARDL（3，0）模型，各变量均显著不为零，AIC、SIC最小；模型（2）为ARDL（3，0）模型，自变量项系数不显著，因此该模型不进入后续边界协整检验；模型（3）为ARDL（2，0）模型，各变量显著不为零，调整的R^2最大。选取模型（1）和模型（3），分别根据以下式（5-7）和式（5-8）建立与其一一对应的条件误差修正回归式，进行边界协整检验。

$$\Delta \ln GDP_t = b_0 \ln GDP_{t-1} + b_1 \ln fossil_{t-1} + \sum_{i=1}^{m} c_{0,i} \Delta \ln GDP_{t-i} + \sum_{l=1}^{n} c_l \Delta \ln fossil_{t-l} + d \Delta \ln fossil_t + \varepsilon_t \tag{5-7}$$

$$\Delta \ln GDP_t = a_0 + a_1 t + b_0 \ln GDP_{t-1} + b_1 \ln fossil_{t-1} + \sum_{i=1}^{m} c_{0,i} \Delta \ln GDP_{t-i} + \sum_{l=1}^{n} c_l \Delta \ln fossil_{t-l} + d \Delta \ln fossil_t + \varepsilon_t \tag{5-8}$$

根据得到的条件误差修正回归结果，对于模型（3），即含趋势项的ECM回归式，检验得到的F值与适用于本样本的边界值进行比较，认为油气消费量与GDP之间是不存在长期协整关系的；对于模型（1），即不含趋势项的ECM回归式，F检验得到的F值为7.236 693，与适用于本样本的边界值进行比较，在1%的显著性水平下认为油气消费量与GDP之间是存在长期协整关系的，而不含常数项和趋势项的ARDL（3，0）模型反映了它们之间的长期关系。

5.3.3.2　长期均衡关系和误差修正模型

由不含常数项和趋势项的ARDL（3，0）模型估计长期均衡关系式，结果见表5-8，变量ln*fossil*是非常显著的，且系数为正，表明从长期来看，油气消费量的增加会带来经济的增长，1%油气消费的增加会带来1.632%的经济增长。

表5-8　挪威GDP和油气消费量对数序列的长期均衡关系

变量	系数	标准误差	t 统计量	P值
ln*fossil*	1.631 902	0.003 772	432.653 8	0.000 0
$EC = \ln GDP-(1.631\ 9*\ln fossil)$				

建立误差修正项，分析油气消费量与经济增长之间的短期动态关系，结果如表5-9所示，误差修正项的系数为−0.110 391，在1%的显著性水平下拒绝其不显著的原假设，另外系数符号为负且不小于−1，符合反向修正机制的要求，其绝对值说明短期的冲击导致的偏离将以较慢的速度恢复到长期均衡水平。$D(\ln GDP^{(-1)})$的系数在2%的显著性水平下为正，说明滞后一期的经济增长对当期有正向作用。$D(\ln GDP^{(-2)})$在10%的显著性水平下为负，说明滞后二期的经济增长对当期有反向作用。$D(\ln fossil)$的系数在10%的显著性水平下为正，进一步说明油气消费量的增加会促进经济增长。

表5-9　挪威GDP和油气消费量对数序列的误差修正模型

变量	系数	标准误差	t统计量	P值
$D(\ln GDP^{(-1)})$	0.580 037	0.169 837	3.415 263	0.001 8
$D(\ln GDP^{(-2)})$	−0.336 990	0.167 999	−2.005 913	0.054 0
$D(\ln fossil)$	0.153 845	0.081 953	1.877 232	0.0702
$ECM(-1)$	−0.110 391	0.028 562	−3.865 019	0.000 6
R-squared	0.476 483	Mean dependent var		0.024 837
Adjusted R-squared	0.424 132	S.D. dependent var		0.017 135
Durbin-Watson stat	1.878 594			

5.3.3.3　讨论与分析

挪威是天然气出口国。本节利用ARDL边界协整技术分析了挪威以1980—2016年为样本期的GDP与油气资源消费量序列之间的协整关系，结果表明，两序列之间存在协整关系，且呈正向关系，1%油气消费的增加会带来1.632%的经济增长。通过建立误差修正模型分析两序列之间的短期动态关系，误差修正项的系数表明，短期冲击导致的偏离将以较慢的速度恢复到长期均衡水平，滞后一期经济增长对当期具有正向作用。

5.3.4　丹麦

丹麦GDP与油气消费量对数序列时序图见图5-7，GDP对数序列呈增长趋势，油气消费量序列先是呈增长趋势，在1996年之后呈下降趋势。

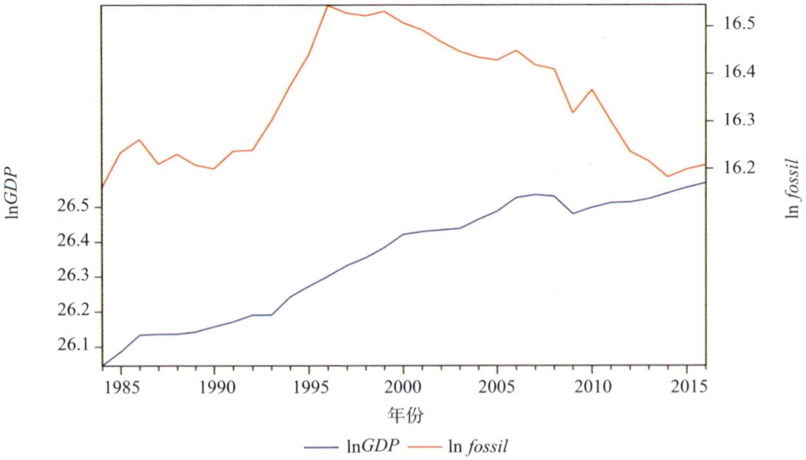

图5-7　丹麦GDP与油气消费量对数序列时序图

5.3.4.1 平稳性检验与模型构建

利用ADF检验和NP检验对变量ln *fossil*和ln*GDP*及其差分序列进行单位根检验。其中，ADF检验结果表明，在1%的显著性水平下，GDP、油气消费量对数序列均是在一阶差分之后平稳；NP检验结果表明，在10%的显著性水平下，GDP与油气消费量对数序列均是一阶差分后平稳。

根据Johansen检验方法判断两变量是否协整。利用Eviews10对变量ln *fossil*和ln*GDP*的水平值建立向量自回归（VAR）模型。丹麦数据样本容量为33，设定滞后阶数不超过4，AIC、SC、FPE、HQ准则判定最优滞后阶为1。在此基础上进行Johansen协整检验，迹检验和最大特征根检验结果分别如表5-10和表5-11所示。在5%的显著性水平下，迹检验和最大特征值检验的结果一致，拒绝不存在协整关系的原假设，接受至多存在一个协整关系的原假设，因此，这里认为变量ln *fossil*和ln*GDP*之间存在1个协整关系。

表5-10 丹麦GDP和油气消费量对数序列迹检验分析表

假设协整关系数量	特征值	迹检验统计量	0.05临界值	P值.**
不存在	0.559 549	34.174 75	20.261 84	0.000 3
存在1个	0.219 644	7.936 175	9.164 546	0.085 1

表5-11 丹麦GDP和油气消费量对数序列的最大特征值检验分析表

假设协整关系数量	特征值	迹检验统计量	0.05临界值	P值.**
不存在	0.559 549	26.238 58	15.892 10	0.000 9
存在1个	0.219 644	7.936 175	9.164 546	0.085 1

5.3.4.2 长期均衡关系和误差修正模型

变量ln *fossil*和ln*GDP*之间存在1个协整关系，因此采用自回归分布滞后（ARDL）模型估计其长期均衡关系。设定解释变量与被解释变量最大滞后阶不超过3，加入趋势项，根据AIC信息准则确定最优滞后阶数，得到最优模型为ARDL（1，0），如公式（5-9）：

$$\ln GDP_t = 0.629\,207 \ln GDP_{t-1} + 0.126\,583 \ln fossil_t + 7.623\,669 + 0.005\,654\ @TREND \tag{5-9}$$

包含趋势项的各变量均显著，调整的R^2为0.991 404，拟合优度很高。计算得到LM(1)统计量对应的P值为0.058 9，LM(2)统计量对应的P值为0.164 2，在5%的显著性水平下，表明模型残差序列不存在自相关性。基于ARDL（1，0）模型进行长期均衡关系的估计，如表5-12所示。变量ln*fossil*项和趋势项的系数均显著为正，表明丹麦经济呈增长趋势，油气消费量与GDP呈正向变动关系。从长期来看，油气消费量增加1个百分点，经济增长0.341 385个百分点。

表5-12 丹麦GDP和油气消费量对数序列的长期均衡关系

变量	系数	标准误差	t统计量	P值
ln*fossil*	0.341 385	0.064 402	5.300 829	0.000 0
@*TREND*	0.015 248	0.000 871	17.512 29	0.000 0
$EC = \ln GDP-(0.341\,4*\ln fossil + 0.015\,2*@TREND)$				

根据格兰杰表述定理，对具有协整关系的变量之间建立误差修正模型，基于ARDL（1，0）得到误差修正模型，如表5-13所示。该模型揭示了油气消费量和经济增长两变量之间的短期动态关系。ECM项系数显著为负且不小于-1，符合反向修正机制的要求，说明短期冲击导致的偏离将以速度0.286 787恢复到长期均衡水平。变量$D(\ln fossil)$的系数在1%的显著性水平下为正，进一步说明了丹麦GDP与油气资源消费量之间的正向变动关系。

表5-13 丹麦GDP和油气消费量对数序列的误差修正模型

变量	系数	标准误差	t统计量	P值
C	5.904 535	2.205 119	2.677 649	0.012 1
$D(\ln fossil)$	0.185 999	0.062 201	2.990 298	0.005 6
$ECM(-1)$	−0.286 787	0.107 393	−2.670 434	0.012 3
R-squared	0.468 197	Mean dependent var		0.016 283
Adjusted R-squared	0.431 521	S.D. dependent var		0.018 873
F-statistic	12.765 730	Durbin-Watson stat		1.540 085
Prob(F-statistic)	0.000 106			

5.3.4.3 讨论与分析

本节利用Johansen协整检验方法分析了丹麦以1984—2016年为样本期的GDP、油气资源消费量序列之间的协整关系，且呈正向关系，1%油气消费的增加会带来1.480%的经济增长。误差修正模型表明，短期冲击导致的偏离将以速度0.286 787恢复到长期均衡水平。丹麦北海油气的收入每年平均约为13亿美元，油气资源对于促进经济增长具有重要作用。

5.3.5 美国（阿拉斯加）

阿拉斯加州GDP与油气消费量对数序列时序图见图5-8。当GDP对数序列呈上升趋势时，油气消费量对数序列大致呈下降趋势，而当油气消费量对数序列呈下降趋势时，GDP对数序列大致呈上升趋势。1980—1996年，阿拉斯加的油气资源消费量整体呈现上升趋势，之后趋于平稳，略有下降。1980—1998年间，阿拉斯加的GDP整体呈现下降趋势，之后迅速回升，直至2007年。2008年受全球金融危机的影响，有所下降，但幅度不大。

图5-8 美国（阿拉斯加）GDP与油气消费量对数序列时序图

5.3.5.1 平稳性检验与模型构建

利用ADF检验和NP检验对选取的两个变量ln*fossil*和ln*GDP*进行单位根检验。ADF检验结果表明，在5%的显著性水平下，GDP与油气消费量对数序列均为一阶单整；NP检验结果表明，在10%的显著性水平下，两变量对数序列均为一阶单整。

根据Johansen检验方法判断两变量是否协整。利用Eviews10对变量ln*fossil*和ln*GDP*的水平值建立向量自回归（VAR）模型。美国（阿拉斯加）数据样本容量为37，设定滞后阶数不超过4。根据不同VAR模型的最小信息准则，其中，SC、HQ准则判定最优滞后阶为1，AIC、FPE、HQ准则都判定最优滞后阶为2，本文以AIC信息准则为准判定最优滞后阶数为2。在此基础上进行Johansen协整检验，迹检验和最大特征根检验结果分别如表5-14和表5-15所示，检验结果一致，在1%的显著性水平下，拒绝变量不存在协整关系的原假设，接受至多存在一个协整关系的原假设，即变量ln*fossil*和ln*GDP*之间存在1个协整关系。

表5-14　美国（阿拉斯加）GDP和油气消费量对数序列迹检验分析表

假设协整关系数量	特征值	迹检验统计量	0.05临界值	P值.**
不存在	0.693 896	46.544 29	25.872 11	0.000 0
存在1个	0.135 848	5.110 234	12.517 98	0.580 6

表5-15　美国（阿拉斯加）GDP和油气消费量对数序列的最大特征根检验分析表

假设协整关系数量	特征值	最大特征值检验	0.05临界值	P值.**
不存在	0.693 896	41.434 06	19.387 04	0.000 0
存在1个	0.135 848	5.110 234	12.517 98	0.580 6

5.3.5.2　长期均衡关系和误差修正模型

由于变量ln*fossil*和ln*GDP*之间存在1个协整关系，可以使用自回归分布滞后（ARDL）模型估计其长期均衡关系，设定最大滞后阶不超过3，加入趋势项。根据AIC信息准则确定最优滞后阶数，得到最优模型为ARDL（1，0），如公式（5-10）：

$$\ln GDP_t = 0.593\ 558\ \ln GDP_{t-1} - 0.254\ 204\ \ln fossil_t + 13.897\ 27 + 0.006\ 717@TREND \tag{5-10}$$

包含趋势项的各变量均显著，计算得到LM（1）统计量对应的*P*值为

0.850 1，LM（2）统计量对应的*P*值为0.645 7，表明模型残差序列不存在自相关性。基于ARDL（1，0）模型进行长期均衡关系的估计，结果见表5-16。变量ln*fossil*项的系数显著为负，趋势项的系数显著为正，表明美国（阿拉斯加）经济呈增长趋势，油气消费量与GDP呈反向变动关系。从长期来看，油气消费量减少1个百分点，经济增长0.625 438个百分点。

根据格兰杰定理表述，具有协整关系的变量之间可以建立误差修正模型，该模型可以揭示油气消费量和经济增长两变量之间的短期动态与长期均衡之间的关系。基于ARDL（1，0）得到误差修正模型见表5-17。可见，ECM项系数显著为负，并且不小于-1，符合反向修正机制的要求，其绝对值为0.428 022，说明短期冲击导致的偏离将以较快的速度恢复到长期均衡水平。

表5-16　美国（阿拉斯加）GDP和油气消费量对数序列的长期均衡关系

变量	系数	标准误差	t统计量	P值
ln*fossil*	−0.625 438	0.168 396	−3.714 095	0.000 8
@*TREND*	0.016 527	0.004 260	3.879 615	0.000 5
EC = ln*GDP* − (−0.625 4*ln*fossil* + 0.016 5*@*TREND*)				

表5-17　美国（阿拉斯加）GDP和油气消费量对数序列的误差修正模型

变量	系数	标准误差	t统计量	P值
C	14.640 760	4.442 961	3.295 270	0.002 4
D(ln*fossil*)	−0.216 449	0.115 219	−1.878 583	0.069 2
ECM(−1)	−0.428 022	0.129 963	−3.293 402	0.002 4
R-squared	0.261 153	Mean dependent var		0.006 214
Adjusted R-squared	0.216 374	S.D. dependent var		0.101 627
F-statistic	5.832 082	Durbin-Watson stat		1.837 978
Prob(F-statistic)	0.006 779			

5.3.5.3　讨论与分析

本节利用Johansen协整检验方法分析了美国（阿拉斯加）以1980—2016年为样本期的GDP、油气资源消费量序列之间的协整关系。结果表明，两序列之间存在协整关系，油气消费量与GDP呈反向变动关系，油气消费量减少1个百分点，经济增长0.625 438个百分点。通过建立误差修正模型分析两序列之间的短期动态关系，误差修正项的系数表明短期冲击导致的偏离将以较快的速度恢复到长期均衡水平。

5.3.6 北极五国比较分析

对上述五个国家的经济增长和油气消费关系进行分析，发现以ln*GDP*为因变量分析时，ln*GDP*与油气消费对数ln*fossil*均存在协整关系，对比其长期均衡关系和误差修正模型的系数，如表5-18所示。由ln*fossil*的系数可见，俄罗斯、加拿大和挪威经济增长对油气资源消费的依赖性较强。根据系数得到油气资源消费对经济增长的贡献作用排名，依次是挪威、加拿大、俄罗斯、丹麦和美国（阿拉斯加）。在短期发展中，由Δln*fossil*分析，认为挪威、加拿大、俄罗斯三国的油气资源消费对经济均为正向影响，其误差修正项*ECM*(−1)系数说明经济系统受到短期的冲击，在下一年内将分别以63.6%、13.7%和11.04%得到纠正。丹麦的经济增长对油气资源的依赖程度相对较小，这跟丹麦的绿色转型国情相符合。美国（阿拉斯加）油气资源消费对经济增长的弹性系数为负值，这里认为其与阿拉斯加逐年下降的油气消费和整体上升趋势的经济增长是相符合的。但是，这在一定程度上并不能说明阿拉斯加不需要进行油气资源开发。相应地，需要根据实际情况酌情调整相关政策，如根据油气资源富集程度、保障能力和出口需求等调整相应的开发利用政策，从而提高油气资源对经济增长的促进作用。

表5-18 北极国家经济增长和油气资源消费长期协整和短期误差修正系数比较

变量	俄罗斯	加拿大	挪威	丹麦	美国（阿拉斯加）
长期均衡					
ln*fossil*	1.403 205	1.479 775	1.631 902	0.341 385	−0.625 438
误差修正					
Δln*fossil*	1.068 102	0.308 265	0.153 845	0.185 999	−0.216 449
ECM(−1)	−0.636 004	−0.137 141	−0.110 391	−0.286 787	−0.428 022

5.4 小结

本章通过能源生产率指标测算与ARIMA预测结果，认为挪威和丹麦的能源生产率最高，2013年以后超过3万美元/吨石油当量，表明这两个国家不仅在油气资源勘探开发的技术水平方面占据领先优势，其绿色环保理念也贯穿于资源开发利用始终。中国和加拿大属能源中效区，2017年分别为1.2万和1.0万美元/吨石油当量。俄罗斯和美国（阿拉斯加）属能源低效区，能源生产率指标均没有超过0.6万美元/吨石油当量。值得肯定的是，中国的能源生产率仅次于挪威和丹麦，说明中国从能源使用效率和综合技术方面，在与俄罗斯、加拿大和美国（阿拉斯加）的国际合作中，均占据优势。

根据协整模型分析结果，发现经济增长对油气资源依赖较高的依次是挪威、加拿大、俄罗斯，协整系数分别为1.63，1.48和1.40，这与各国家经济情况基本相符，前三名对油气的依赖程度高，石油、天然气所带来的经济贡献也较高。丹麦利用油气资源的收入投入到绿色能源中，因此，其绿色能源的技术和发展均在世界前列。阿拉斯加主要与其逐年下降的油气生产和消费相关。

第6章 北极地区油气资源开发利用与温室气体排放影响评价

北极与世界其他地区相比所受污染程度相对较低，拥有大量动植物和独特的苔原与泰加林带，生态环境极为脆弱，对温度变化的反映极其敏感，环境恢复能力也较差。环北极国家近年来加速勘探和开发北极的油气资源，美国、俄罗斯、挪威和加拿大现已开发了众多北极油气田，俄罗斯还在其北极圈内的地区建立了庞大的工矿加工业，对北极已经造成了大气污染、动植物多样性减少、海水污染、垃圾污染以及核污染等环境问题（奚源，2017）。油气资源勘探开发所造成的不仅仅是环境污染问题，还涉及生态平衡问题。北极国家对本地区油气与矿产资源的开采加工和其他经济活动也造成了对北极大气与海洋的污染，即将到来的北极资源大规模开发会使现有问题进一步加剧。

由于北冰洋生态环境的脆弱性和温室气体对全球变暖反映的敏感性，北冰洋油气开采面临的主要技术问题是有效控制温室气体排放、防范和处置原油泄露与环境污染意外事故等。国内外学者已经开始思考北极经济发展与生态保护两者之间的关系，日益恶劣的生态环境要求北极国家、域外国家与国际组织共同关心应对北极资源开发中所出现的问题（奚源，2017）。北极理事会曾进行过评估，认为虽然北极油气活动引发的环境污染不可避免，但良好的计划和管理将减少其负面影响（AMAP，2007）。因此，这里选取北极地区影响全球变暖的温室气体的排放数据，针对北极国家经济增长与温室气体排放、油气资源消费与温室气体排放所造成的环境影响，分析其与油气资源开发利用的相关关系，并探索减少温室气体排放的有效途径。

6.1 数据来源

本章主要分析北极国家经济增长与环境污染、油气开发利用与环境污染之间的相关关系，用GDP代表经济增长，用CO_2和甲烷（CH_4）排放量反映环境污染，用油气资源消费量数据表示油气开发利用，北极各国环境污染与油气消费量相关数据来源见表6-1。其中，俄罗斯、加拿大、丹麦和挪威四国GDP

数据、能源消费总量和甲烷（CH_4）排放量数据均来源于世界银行数据库，油气消费量数据均来源于BP数据库，CO_2排放量数据来源有区别。美国的数据只选取阿拉斯加州数据，GDP和CO_2排放量数据均来源于世界银行数据库，油气消费量数据来源于EIA。数据的时间序列频度根据不同数据的样本期来选择。

表6-1　北极国家油气资源与环境相关数据来源

国家	数据来源	数据范围	数据样本量
俄罗斯	1.GDP数据、能源消费总量、甲烷排放量数据均来自世界银行； 2.油气消费量数据来源于BP统计数据； 3.CO_2排放量数据，加拿大和丹麦来源于BP统计数据，俄罗斯和挪威来自世界银行	1992—2014年	23
加拿大		1980—2014年	35
挪威		1980—2014年	35
丹麦		1984—2014年	35
美国（阿拉斯加）	1.GDP数据来源于美国商务部经济统计分析局（U.S. Bureau of Economic Analysis，BEA）； 2.油气消费量和CO_2排放量数据均来源于EIA统计数据	1980—2014年	35

6.2　北极国家经济增长与温室气体排放分析

6.2.1　经济增长与二氧化碳排放的协整分析

二氧化碳是一种重要的温室气体，作为人们生活中随处可见的物质，已成为直接影响人们生活和工作的重要气体。二氧化碳可以从煤矿资源、空气、植物以及各种石油、天然气等自然物质中提取，而且，但凡是有机物的结构都可以通过分解等诸多方式形成二氧化碳。本节二氧化碳排放量数据为总量数据，以年度为时间序列频度，单位为千吨，记为CO_2，为了消除异方差的影响，对CO_2数据进行对数化处理，记作$\ln CO_2$。

因本节与5.3节所用模型和建模步骤基本一致，这里对具体步骤不一一阐述。本节利用KPSS检验对北极上述五国的经济增长变量$\ln GDP$和变量$\ln CO_2$进行单位根检验，在10%的显著性水平下，各国GDP和CO_2对数序列均为平稳序列。因此，两序列单整阶数均不大于1，满足进行ARDL边界协整检验的条件。根据各国两项对数序列的时序特征，选择相应的ARDL模型进行边界协整检验。结果发现，除丹麦外，其他四个国家均存在协整关系。对存在协整关系的四个国家数据序列建立ARDL模型分析长期均衡关系，根据实际情况确定最大滞后阶。采用AIC准则确定最优滞后阶数，得到俄罗斯、加拿大、挪威和美国（阿拉斯加）的最优ARDL模型分别为ARDL（1，3）、ARDL（1，4）、ARDL（1，0）和ARDL（1，2），模型统计量及参数估计如表6-2所示。针对各国的长期均衡关系和误差修正模型，分别进行阐述和分析。

表6-2　北极五国ln*GDP*与lnCO_2最优ARDL模型系数

变量	俄罗斯	加拿大	挪威	丹麦	美国（阿拉斯加）
$\ln CO_2^{(-1)}$	0.440 236	0.863 653	0.611 763		0.520 017
ln*GDP*	0.491 182	1.131 558	0.155 991		−0.023 557
$\ln GDP^{(-1)}$	−0.460 833	−1.184 778	0		−0.048 649
$\ln GDP^{(-2)}$	−0.142 300	0.012 617	0	不存在协整关系	−0.234 631
$\ln GDP^{(-3)}$	0.251 335	0.634 126	0		0
$\ln GDP^{(-4)}$	0	−0.530 226	0		0
C	4.126 400	0	0		12.463 810
@*TREND*	0	0	0		0.005 571

6.2.1.1　俄罗斯

俄罗斯GDP和二氧化碳对数序列的时序图见图6-1。由图可知，两个序列有相似的变化趋势，同时在1998年和2009年达到局部最小值。

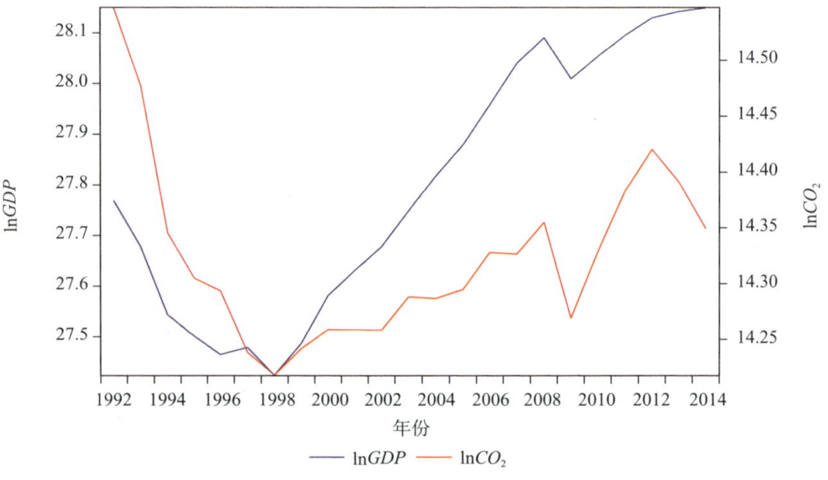

图6-1　俄罗斯GDP和CO_2排放量对数序列时序图

针对上述建立的最优ARDL模型估计长期均衡关系如表6−3所示。ln*GDP*系数显著且为正，表明从长期来看，经济的增长会带来CO_2排放量的增加，1%的经济增长会带来约0.25%的CO_2排放量增加。

表6−3　俄罗斯ln*GDP*与lnCO_2长期均衡关系式

变量	系数	标准误差	t 统计量	P值
ln*GDP*	0.249 004	0.044 810	6.556 881	0.000 1
C	7.371 681	1.248 351	6.905 133	0.000 0
$EC = \ln CO_2-(0.249\ 0*\ln GDP + 7.371\ 7)$				

建立误差修正模型，分析二氧化碳排放量与经济增长之间的短期动态关系，结果见表6−4。误差修正项的系数为−0.559 764，在1%的显著性水平下拒绝其不显著的原假设，另外系数符号为负，反映了当短期波动偏离长期均衡时，将以0.5598的调整力度拉回至均衡状态。除了滞后一阶的ln*GDP*差分项，各变量的系数均显著，*D*(ln*GDP*)的系数在1%的显著性水平下为正，说明滞后一期的经济增长会增加CO_2的排放量，$D(\ln GDP^{(-2)})$的系数在5%的显著性水平下为负，说明滞后二期的经济增长对CO_2的排放有反向作用。

表6−4　俄罗斯ln*GDP*与lnCO_2误差修正模型

变量	系数	标准误差	t 统计量	P值
D(ln*GDP*)	0.491 182	0.096 920	6.067 922	0.000 2
$D(\ln GDP^{(-1)})$	−0.109 035	0.095 998	−1.135 802	0.275 1
$D(\ln GDP^{(-2)})$	−0.251 335	0.094 332	−2.664 367	0.018 5
CointEq(−1)*	−0.559 764	0.117 615	−4.759 281	0.000 3
R-squared	0.750 739	Mean dependent var		0.000 205
Adjusted R-squared	0.704 002	S.D. dependent var		0.037 535
Durbin-Watson stat	2.366 172			

6.2.1.2　加拿大

加拿大GDP与二氧化碳对数序列的时序图见图6−2。两序列随时间平移变化幅度很小，lnCO_2变化范围没有超过0.4，ln*GDP*变化范围没有超过1。

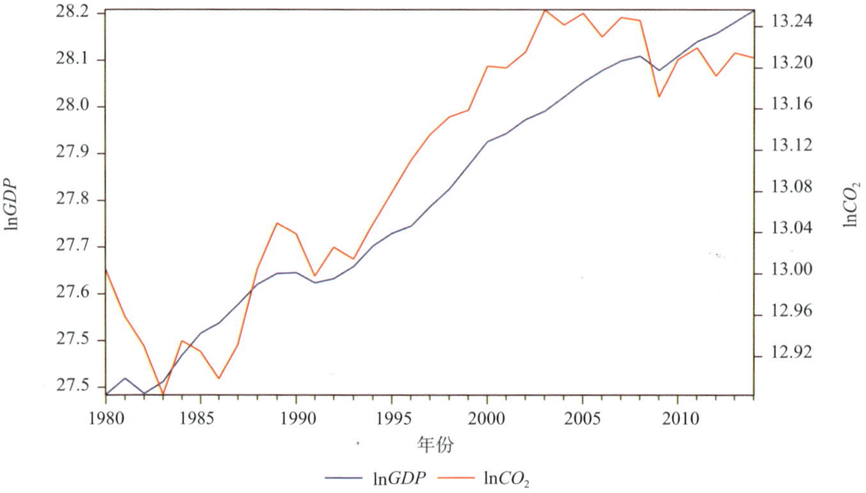

图6-2　加拿大GDP与CO_2排放量对数序列时序图

根据最优ARDL模型为ARDL（1，4）估计长期均衡关系如表6-5所示。ln*GDP*系数显著且为正，表明从长期来看，经济的增长会带来CO_2排放量的增加，1%的经济增长会带来0.46%的CO_2排放量增加。

表6-5　加拿大ln*GDP*与$\ln CO_2$长期均衡关系式

变量	系数	标准误差	t统计量	P值
ln*GDP*	0.464 231	0.005 476	84.781 79	0.000 0
$EC = \ln CO_2 - (0.464\,2 * \ln GDP)$				

建立误差修正模型，结果见表6-6。误差修正项的系数为−0.136 347，在1%的显著性水平下拒绝其不显著的原假设，另外系数符号为负，反映了当短期波动偏离长期均衡时，将以0.136 3的调整力度拉回至均衡状态。

表6-6　加拿大ln*GDP*与$\ln CO_2$误差修正模型

变量	系数	标准误差	t统计量	P值
$D(\ln GDP)$	1.131 558	0.218 434	6.280 326	0.000 0
$D(\ln GDP^{(-1)})$	−0.116 517	0.252 236	−0.461 936	0.648 1
$D(\ln GDP^{(-2)})$	−0.103 900	0.208 474	−0.498 384	0.622 6
$D(\ln GDP^{(-3)})$	0.530 226	0.187 511	2.827 708	0.009 1

续表

变量	系数	标准误差	t统计量	P值
CointEq(−1)*	−0.136 347	0.046 635	−2.923 689	0.007 2
R-squared	0.595 035	Mean dependent var		0.010 538
Adjusted R-squared	0.532 732	S.D. dependent var		0.030 839
Durbin-Watson stat	1.773 156			

除了滞后一阶、二阶的ln*GDP*差分项，各变量的系数均显著。*D*(ln*GDP*)的系数在1%的显著性水平下为正，说明滞后一期的经济增长会增加CO_2的排放量，$D(\ln GDP^{(-3)})$的系数在5%的显著性水平下为正，说明滞后三期的经济增长对CO_2的排放也有促进作用，但相比起当期的经济增长对CO_2排放的影响要小的多。

6.2.1.3　挪威

挪威GDP与二氧化碳对数序列的时序图见图6−3。ln*GDP*序列一直保持递增趋势，$\ln CO_2$序列在1990年达到最小值，随后递增。

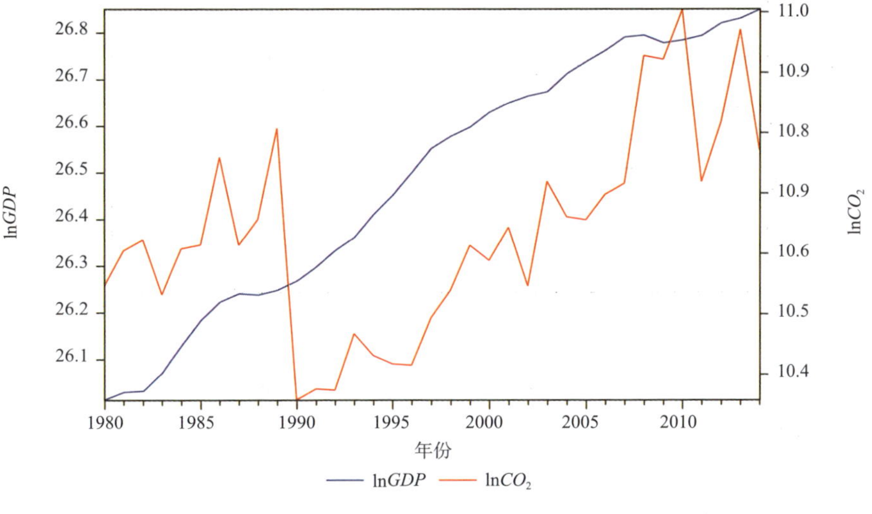

图6−3　挪威GDP与CO_2排放量对数序列时序图

根据最优模型ARDL（1，0），估计长期均衡关系如表6−7所示。ln*GDP*系数显著且为正，表明从长期来看，经济增长会带来CO_2排放量的增加，1%的经济增长会带来0.40%的CO_2排放量增加。

建立误差修正模型，分析二氧化碳排放量与经济增长之间的短期动态关系。但是经过多次调整和修正，未能建立挪威数据序列的误差修正模型，或许由于挪威经济增长和二氧化碳排放间的短期动态关系不明显，只存在长期均衡关系。

表6-7　挪威ln*GDP*与lnCO_2长期均衡关系式

变量	系数	标准误差	t统计量	P值
ln*GDP*	0.401 792	0.001 982	202.723 4	0.000 0
$EC = \ln CO_2 - (0.401\ 8 * \ln GDP)$				

6.2.1.4　丹麦

丹麦GDP与二氧化碳对数序列的时序图见图6-4。可以很明显地看出两个序列有相反的变化趋势，ln*GDP*序列总体呈递增趋势，lnCO_2序列总体呈下降趋势，在1996年达到峰值。

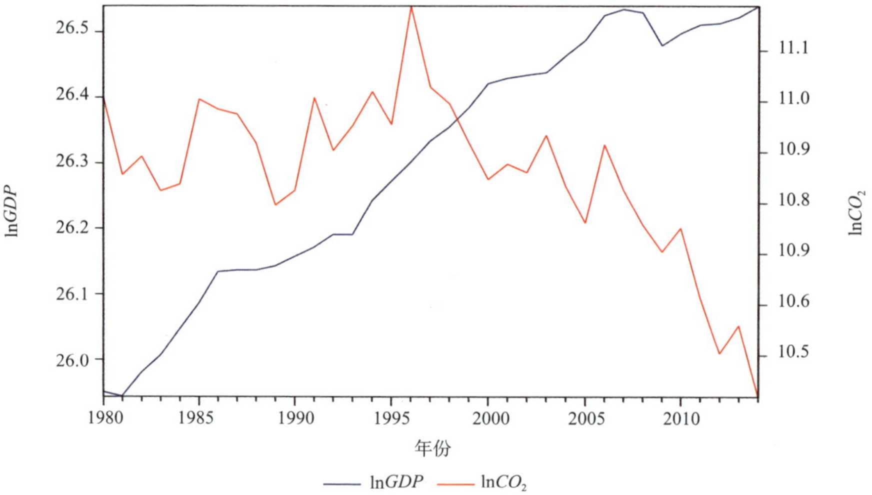

图6-4　丹麦GDP与CO_2排放量对数序列时序图

针对丹麦GDP和二氧化碳排放序列，建立既含趋势项也含常数项的边界检验模型。最大滞后阶设为2，采用AIC准则确定最佳滞后阶数，得到最优边界协整式为ARDL（1，0）。在此基础上分别采用Case4、Case5情形的wald检验，检验得到的*F*值分别为1.707 91、1.947 073，均小于10%显著性水平下的下临界值4.05。因此，接受原假设，即认为序列之间不存在长期协整关系。

6.2.1.5 美国（阿拉斯加）

美国（阿拉斯加）GDP与二氧化碳对数序列的时序图见图6-5。时间从1980—2014年平移，lnCO_2序列和lnGDP序列的变动范围都在1个单位以内。lnCO_2序列的变化更为缓慢，lnGDP序列从1999年开始到2008年经历了很大幅度的递增过程。

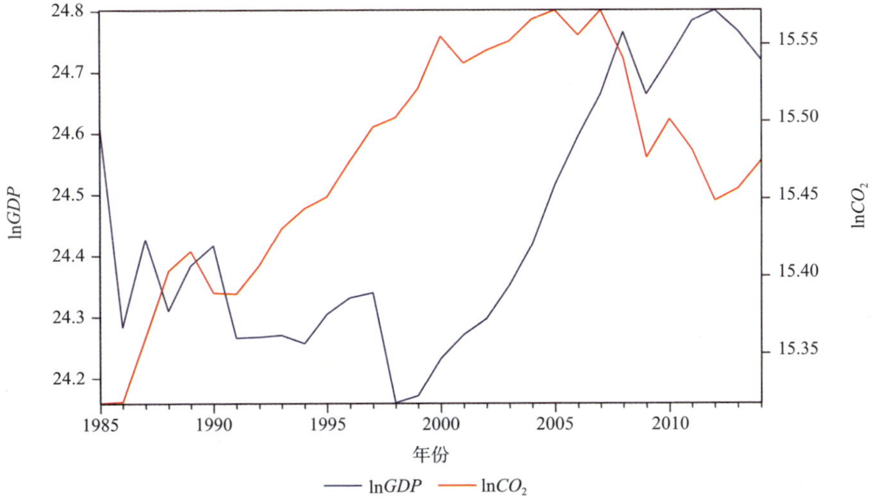

图6-5　美国（阿拉斯加）GDP与二氧化碳排放量对数序列时序图

由最优ARDL模型估计长期均衡关系如表6-8所示。lnGDP系数显著且为负，表明从长期来看，经济的增长会减少CO_2排放量，1%的经济增长会减少0.639 2%的CO_2排放量。

表6-8　美国（阿拉斯加）lnGDP与lnCO_2长期均衡关系式

变量	系数	标准误差	t统计量	P值
ln*GDP*	−0.639 265	0.094 877	−6.737 810	0.000 0
@*TREND*	0.011 606	0.002 615	4.438 044	0.000 1
$EC = \ln CO_2-(-0.639\ 3*\ln GDP + 0.011\ 6*@TREND)$				

建立误差修正模型，分析二氧化碳排放量与经济增长之间的短期动态关系，结果见表6-9。误差修正项的系数为−0.479 983，在1%的显著性水平下拒

绝其不显著的原假设。系数符号为负，反映了当短期波动偏离长期均衡时，将以0.480 0的调整力度拉回至均衡状态。除了当期的ln*GDP*差分项，各变量的系数均显著，$D(\ln GDP^{(-1)})$的系数在1%的显著性水平下为正，说明滞后一期的经济增长会增加CO_2的排放量。

表6-9　美国（阿拉斯加）ln*GDP*与lnCO_2误差修正模型

变量	系数	标准误差	t 统计量	P 值
C	12.469 380	1.424 024	8.756 439	0.000 0
$D(\ln GDP)$	−0.023 557	0.079 705	−0.295 552	0.769 8
$D(\ln GDP^{(-1)})$	0.234 631	0.072 298	3.245 323	0.003 1
CointEq(−1)*	−0.479 983	0.054 901	−8.742 679	0.000 0
R-squared	0.744 629	Mean dependent var		0.021 615
Adjusted R-squared	0.718 211	S.D. dependent var		0.076 582
F-statistic	28.186 720	Durbin-Watson stat		1.934 613

6.2.2　经济增长与甲烷排放的协整分析

甲烷是一种重要的温室气体，其增温潜势为CO_2的28倍。自工业时代以来，其贡献了大约20%的地球增温。研究表明，近年来CO_2排放的增长已经趋缓，但甲烷排放似乎在飞速增长[1]。虽然自然界也会排放甲烷，但人类活动排放的甲烷量要比之多得多。目前全球每年排放的甲烷总量为535兆吨，其中，通过石油与天然气工业、煤炭开采、固体废弃物堆存、污水处理、水稻种植、反刍家畜饲料以及生物质能燃烧等人类活动排放的甲烷约占70%。这些活动一方面出于生活需要，另一方面出于经济利益需要。本书中应用的甲烷排放量数据均为总量数据，以年度为时间序列频度，数据均来源于世界银行数据库，单位为“千吨二氧化碳当量”。因阿拉斯加州的数据缺失，故本节没有分析阿拉斯加经济增长与甲烷排放的关系。

将经济增长和甲烷排放量取对数，分别用变量ln*GDP*和ln*Methane*表示。利用ADF检验和NP检验对俄罗斯、加拿大、挪威和丹麦四个国家的经济增长变量和甲烷排放量进行单位根检验。检验结果表明，上述四个国家的GDP对数

1　http://www.zgqxb.com.cn/kjzg/kejidt/201612/t20161213_62922.htm

序列和甲烷对数序列都是平稳的。利用ARDL边界协整检验方法判断各国的两变量是否协整，分别构建ARDL模型，发现除俄罗斯外，其他国家两个变量均不存在协整关系。

6.2.2.1　俄罗斯

俄罗斯GDP与甲烷排放量对数序列时序图见图6-6。如图所示，GDP序列总体上呈现先下降再上升的趋势。1991—1996年俄罗斯历经制度变迁，经济低迷，1997年好转后，1998年又由于财政和金融危机导致经济衰退，之后呈现高增长态势，2008年实际GDP恢复到超出1990年10%左右的水平。2009年由于世界经济不景气，实际GDP再次下落，但没有低于1990年的水平，而且逐步呈现出缓慢增长的势头。甲烷排放量序列总体上呈先下降再上升的趋势，出现最低点的时间点与GDP序列大致相同。能源相关的甲烷排放量占比达到70%以上，且呈现缓慢上升趋势。

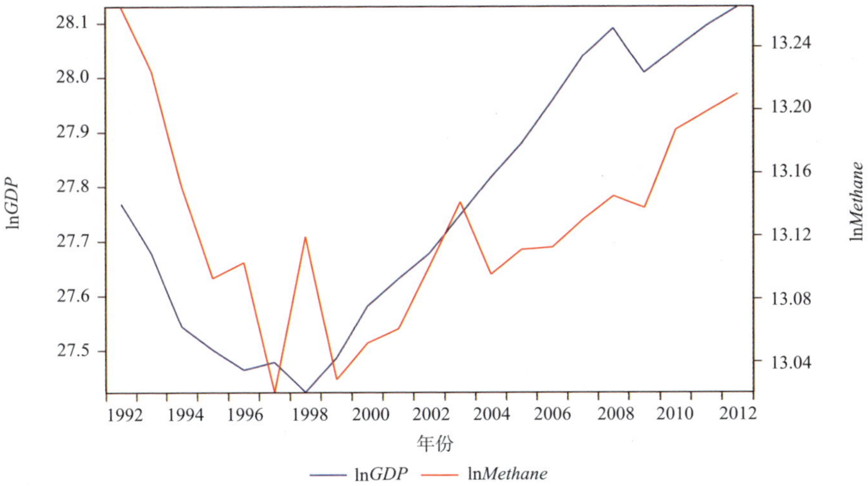

图6-6　俄罗斯GDP与甲烷排放量对数序列时序图

根据俄罗斯边界协整检验得出的最优模型，即不含常数项和趋势项的ARDL（2，0）估计长期均衡关系式，结果见表6-10。变量ln*GDP*的系数均是非常显著的，且系数为正，表明从长期来看，GDP与甲烷排放量呈正向关系。1%的经济增长会带来0.472%的甲烷排放量的增加。

表6-10　俄罗斯ln*GDP*与ln*Methane*长期均衡关系

变量	系数	标准误差	t 统计量	P 值
ln*GDP*	0.472 064	0.000 957	493.047 8	0.000 0
EC = ln*Methane*−(0.472 1*ln*GDP*)				

建立误差修正项，分析甲烷排放量与经济增长之间的短期动态关系，结果见表6-11。误差修正项的系数为-0.307 163，在1%的显著性水平下拒绝其不显著的原假设，表明短期的冲击导致的偏离将以较快的速度0.307 2恢复到长期均衡水平。$D(\ln GDP)$系数为正，不显著，$D(\ln Methane^{(-1)})$的系数在5%的显著性水平下为负，说明滞后一期甲烷排放量对当期甲烷排放量有抑制作用。

表6-11　俄罗斯ln*GDP*与ln*Methane*误差修正模型

变量	系数	标准误差	t 统计量	P 值
$D(\ln Methane^{(-1)})$	−0.475 415	0.180 516	−2.633 642	0.018 1
$D(\ln GDP)$	0.152 562	0.133 987	1.138 633	0.271 6
$ECM(-1)$	−0.307 163	0.089 900	−3.416 737	0.003 5
R-squared	0.527 237	Meandependentvar		−0.000 749
AdjustedR-squared	0.468 142	S.D.dependentvar		0.048 953
Durbin-Watsonstat	1.996 548			

6.2.2.2　加拿大

加拿大GDP与甲烷排放量对数序列时序图见图6-7。如图所示，GDP对数序列总体上呈上升趋势。刚步入20世纪80年代，加拿大同西方其他发达国家一样，受到经济衰退的严重威胁，从1983年初开始，经济才爬出“沟底”，逐步回升，进入周期复苏阶段，一直到1988年，加拿大GDP年增长率一直都在3%以上。1989年经济增长速度开始放慢，1990年开始经济进入衰退，当年出现负增长，直到1992年负增长状态结束。1998年因受亚洲金融危机和国际金融市场动荡的波及，经济增长速度减慢。2008年受金融危机影响经济出现负增长，但恢复较快。甲烷排放量序列在样本期内整体上呈增长趋势，能源相关的甲烷排放占比相对较高，呈稍微向上的波动趋势，甲烷排放量曲线均呈现特征明显的锯齿状。

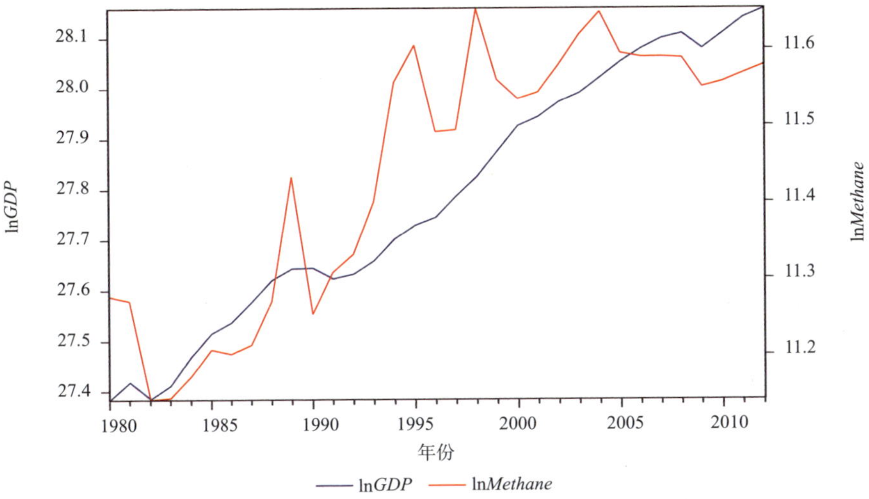

图6-7　加拿大GDP与甲烷排放量对数序列时序图

利用ARDL边界协整技术分析了加拿大以1980—2012年为样本期的GDP、甲烷排放量序列之间的协整关系。结果表明，两序列之间不存在协整关系。究其原因，与加拿大的经济贸易结构以及环境产业等方面有关。加拿大的经济结构相对比较简单，主要经济支柱是对外贸易，商品出口占国内生总值的41%[1]。加拿大是西方七大工业化国家之一，环境产业是加拿大的第四大产业。加拿大不断发展的环境产业不仅为污染控制、环境保护补救等传统产业提供技术、产品和服务，而且关注全球温室效应问题，致力于可再生能源和环境效益等方面的研究，环境技术的出口也占有相当一部分比重。加拿大作为能源大国，针对能源的开发利用制定了多项法律法规。加拿大经济增长得益于出口贸易，而其中技术商品出口占较大比重，加之环境产业取得的优势，或许可以解释不断波动的甲烷排放与经济增长在样本期内不存在长期稳定关系的原因。

6.2.2.3　挪威

挪威GDP、甲烷排放量对数序列时序图见图6-8。GDP对数序列总体上呈增长趋势，甲烷排放量序列20世纪80年代初至90年代中期呈快速增长趋势，之后呈平稳的波动状态。能源相关甲烷排放占比以一个较高的速率稳定增长，截至2008年增长了40多个百分点，整个样本期内能源相关甲烷排放始终占较大比重。

1　http://blog.sina.com.cn/s/blog_625d33150102wtw6.html2016

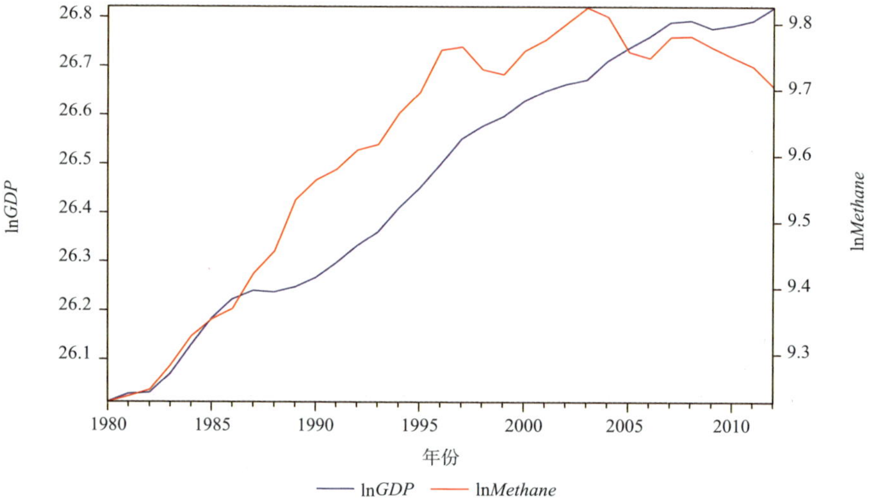

图6-8　挪威GDP与甲烷排放量对数序列时序图

利用ARDL边界协整技术分析了挪威1980—2012年样本期的GDP、甲烷排放量序列之间的协整关系。结果表明两序列之间不存在协整关系。挪威是当今世界上最富有、环境保护做得最好的国家之一，拥有丰富的油气资源，是西欧最大的油气资源国。其经济活动的很大一部分是以利用自然资源为基础的，石油产业是国民经济的主要支柱，经济快速增长的同时，石油工业中未利用油田气的直接排放和点燃火炬排放的甲烷也在增加。20世纪90年代前甲烷排放与经济增长之间应该是存在稳定关系的。挪威于1971年正式开采北海油田，经济进入石油时代，国际贸易市场急剧扩张。20世纪90年代，挪威取消石油生产限额，实行汇率自由浮动，推动经济稳定向前发展。进入21世纪，挪威经济在原有的坚实基础上实现高速增长，在面临2008年金融危机时，依旧保持GDP的3%增长率。2009年挪威经济呈现负增长，2010年受石油涨价影响，实现0.4%正增长。在经济全球化的今天，挪威以自身独到的发展眼光寻求最适合本国的经济可持续发展道路，经济持续高速发展。

不同于其他石油国家，挪威没有过度依赖石油资源，能源发展战略注重经济增长与环境保护的有机结合，选择多种资源共同发展。石油生产量远大于石油消费量，大部分油气资源用于出口创汇，力争获取资源效益的最大化。出于环保考虑，大力开发利用可再生能源和新能源、开发清洁能源技术、提高能源效率。煤炭在开采、地表处理、选煤、运输及终端利用的全过程中，其吸附的甲烷会排放到大气中，相对石油其甲烷排放量更大。如今，挪威天然气和可再生能源的消费比重增加，煤炭的消费比重明显减少，可再生能源利用比例占能源总消费的近60%，能源相关甲烷排放占比保持稳定。此外，挪威致力于建立政府全球养老基金，重视能源领域的技术开发，经济不过分依赖油气资源的同时致力于甲烷减排技术的开发。因此，在整个样本期内，挪威经济增长与甲烷排放不存在协整关系。

6.2.2.4　丹麦

丹麦GDP、甲烷排放量对数序列时序图见图6-9。如图所示，样本区间内GDP对数序列总体上呈增长趋势。1994年经济增长速度加快，2008—2009年，受金融危机影响经济出现负增长，2010—2011年经济实现小幅增长，之后保持稳定增长，2014年经济延续复苏势头，持续增长。甲烷排放量序列在1980—1994年先降后升，在1988年达最低值，之后10年内呈波动态势，2002年之后呈下降趋势。能源相关甲烷排放占比较少，不足20%。

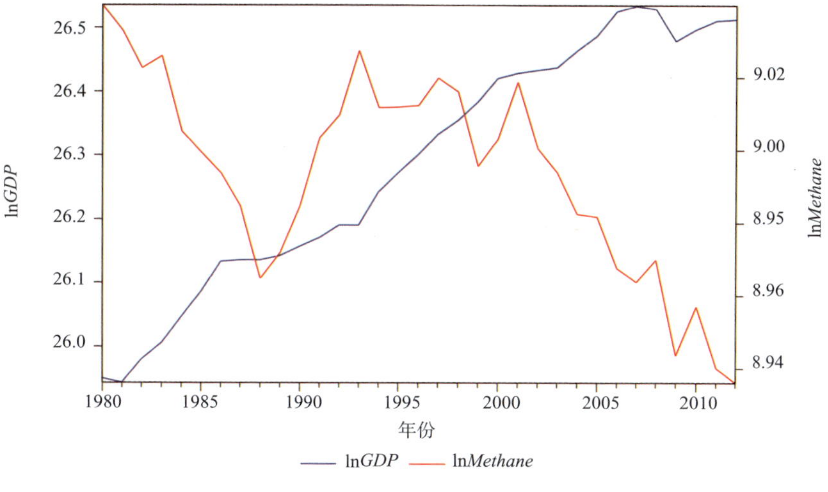

图6-9　丹麦GDP与甲烷排放量对数序列时序图

利用ARDL边界协整技术分析了丹麦以1980—2012年为样本期的GDP、甲烷排放量序列之间的协整关系。结果表明，两序列之间不存在协整关系，原因可以从丹麦的资源利用和环境保护的角度来考虑。

丹麦是世界公认的经济发达、资源利用效率高、环境保护好的可持续发展型国家之一。同时，丹麦也是农业强国，农业高度发达，尤其是其现代饲养业非常发达，畜牧业产值占农业总产值的90%，反刍动物所吃食物的肠内发酵、动物粪便的厌氧降解及生物质燃烧均会产生甲烷，农业甲烷排放占比高达70%～80%。但丹麦有严格的废弃物管理政策，其废弃物处理过程中回收利用部分占一半以上的比例，另外丹麦科学家也致力于研究节能减排技术。

丹麦几乎没有矿产资源，1973年石油危机促使丹麦实施开发和节约并重的能源方针，大力开发北海石油和天然气资源，提倡节能和提高能源技术效率，温室气体减排是推动丹麦节能和可再生能源技术发展的重要动力。化石燃料资源开采少、甲烷减排技术先进、节能减排技术出口占比增加，丹麦绿色能源结构大幅度调整。因此，丹麦温室气体排放与经济增长不存在长期协整关系。

6.3 北极国家油气资源消费与温室气体排放分析

数据依然选取总量指标，以各国家的油气消费使用总量（这里的总量是指石油和天然气消费总量，单位为吨石油当量）反映能源消费，记作fossil；二氧化碳排放量数据为总量数据，以年度为时间序列频度，单位为千吨，记做CO_2，为消除异方差的影响，对油气消费使用总量、CO_2数据进行了对数化处理，分别记作$\ln fossil$、$\ln CO_2$。需要说明的是，由于数据序列只到2014年，因此选择1985—2014年为样本期，以年度为时间序列频度，共30个样本数据。

6.3.1 俄罗斯

俄罗斯CO_2排放量与油气消费量对数序列时序见图6-10。如图所示，油气消费量序列呈增长趋势，CO_2排放量对数序列呈先下降后上升趋势，1998年达到最低。

6.3.1.1 平稳性检验

利用ADF检验对变量$\ln fossil$和$\ln CO_2$及其差分序列进行单位根检验。其中，ADF检验结果表明，在5%的显著性水平下，CO_2为平稳序列；在1%的显著性水平下，油气消费量对数序列均是在一阶差分之后平稳。因此，两序列单整阶数均不大于1，满足进行ARDL边界协整检验的条件。

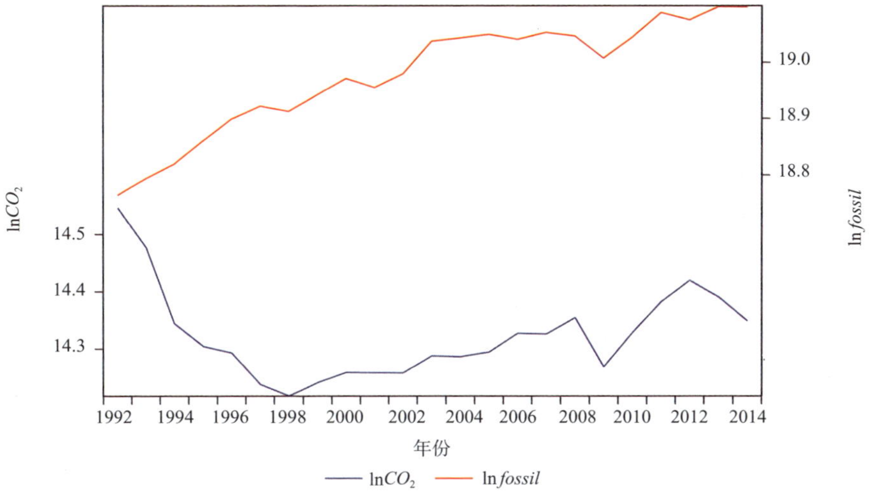

图6-10　俄罗斯CO_2排放量与油气消费量对数序列时序图

6.3.1.2　协整检验

利用Johansen检验方法判断两变量是否协整。利用Eviews10对变量lnCO_2、ln*fossil*的水平值建立向量自回归（VAR）模型，俄罗斯数据样本容量为30，设定滞后阶数不超过4，AIC、FPE、HQ准则判定最优滞后阶为1。在此基础上进行Johansen协整检验，迹检验和最大特征根检验结果分别见表6-12和表6-13，可知，在5%的显著性水平下，迹检验和最大特征值检验的结果一致，变量lnCO_2、ln*fossil*之间不存在协整关系。

表6-12　俄罗斯ln*fossil*和lnCO_2迹检验结果分析表

假设协整关系数量	特征值	迹检验统计量	0.05临界值	P值.**
不存在	0.372 288	10.703 610	16.494 710	0.230 4
存在1个	0.067 147	1.390 151	3.841 466	0.238 4

表6-13　俄罗斯ln*fossil*和lnCO_2最大特征值检验分析表

假设协整关系数量	特征值	最大特征值检验	0.05临界值	P值.**
不存在	0.372 288	9.313 464	14.264 600	0.261 0
存在1个	0.067 147	1.390 151	3.841 466	0.238 4

6.3.2 加拿大

加拿大CO_2排放量与二氧化碳对数序列的时序见图6-11。如图所示，两序列随时间平移变化幅度很小，$\ln CO_2$和$\ln fossil$变化范围没有超过0.4。

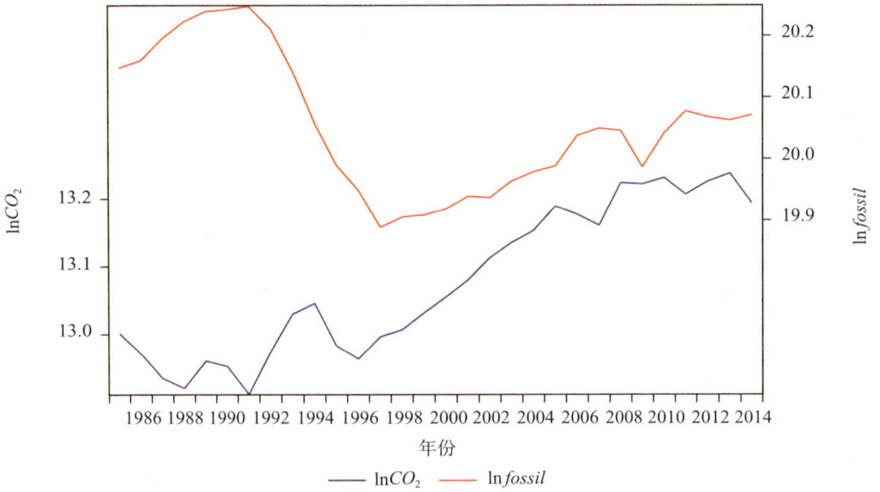

图6-11　加拿大CO_2排放量与油气消费量对数序列时序图

6.3.2.1　平稳性检验

利用ADF检验对加拿大的经济增长变量$\ln fossil$和变量$\ln CO_2$进行单位根检验。检验结果表明：在1%的显著性水平下，二氧化碳对数序列为一阶单整序列。在5%的显著性水平下，油气消费量对数序列为一阶单整。因此，两序列单整阶数均不大于1，满足进行ARDL边界协整检验的条件。

6.3.2.2　边界协整检验

利用Johansen检验方法判断两变量是否协整。利用Eviews软件对变量$\ln CO_2$、$\ln fossil$的水平值建立向量自回归（VAR）模型，加拿大数据样本容量为30，设定滞后阶数不超过4，AIC、FPE、HQ准则判定最优滞后阶为1。在此基础上进行Johansen协整检验，迹检验结果显示，在5%的显著性水平下拒绝原假设，即序列之间存在一个协整关系。

6.3.2.3　长期均衡关系和误差修正模型

由于序列间存在协整关系，因此对数据序列建立ARDL模型分析长期均衡关系。设定最大滞后阶为4，采用AIC准则确定最优滞后阶数，得到最优ARDL模型为ARDL（3，1），调整的R^2为0.930 098，拟合效果较好，系数显著性较好。由最优ARDL模型估计长期均衡关系如表6-14所示，lnCO_2系数显著且为负，表明从长期来看，化石燃料的增加会带来CO_2排放量的减少，1%的经济增长会带来0.29%的CO_2排放量减少。

表6-14 加拿大lnCO_2与ln*fossil*长期均衡关系式

变量	系数	标准误差	t统计量	P值
ln*fossil*	−0.291 056	0.077 012	−3.779 373	0.000 8
C	18.832 79	1.551 595	12.137 70	0.000 0
@*TREND*	0.008 117	0.000 979	8.291 039	0.000 0
EC = lnCO_2−(−0.291 056*ln *fossil* +18.833 327 9 + 0.008 117*@*TREND*)				

建立误差修正模型，分析二氧化碳排放量与油气消费之间的短期动态关系，结果见表6-15。误差修正项的系数为−0.556 227，在1%的显著性水平下拒绝其不显著的原假设，另外系数符号为负，反映了当短期波动偏离长期均衡时，将以0.556 2调整力度拉回至均衡状态。

表6-15 加拿大lnCO_2与ln*fossil*误差修正模型

变量	系数	标准误差	t统计量	P值
$D(\ln CO_2^{(-1)})$	0.322 085	0.165 691	1.943 888	0.063 7
D(ln*fossil*)	0.197 601	0.135 671	1.456 473	0.158 2
ECM(−1)	−0.556 227	0.132 428	−4.200 228	0.000 3
C	0.009 322	0.004 783	1.948 885	0.063 1
R-squared	0.425 463	Meandependentvar		0.010 084
AdjustedR-squared	0.353 645	S.D.dependentvar		0.030 620
F-statistic	6.924 245	Durbin-Watsonstat		1.713 547
Prob(F-statistic)	0.003 569			

6.3.3 丹麦

丹麦CO_2排放量与油气消费量对数序列时序图见图6-12，可见，CO_2排放量对数序列呈下降趋势，油气消费量序列先是呈增长趋势后又下降，二者均在1996年达到峰值。

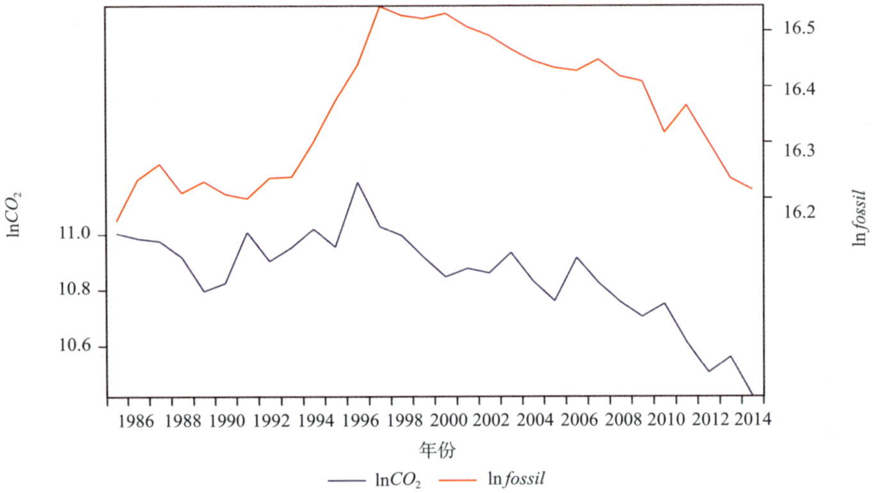

图6-12　丹麦CO_2排放量与油气消费量对数序列时序图

6.3.3.1　平稳性检验

利用ADF检验对选变量ln*fossil*和lnCO_2及其差分序列进行单位根检验。结果表明，在1%的显著性水平下，二氧化碳与油气消费量对数序列均为一阶单整序列。

6.3.3.2　协整检验

丹麦CO_2排放量与油气消费量对数序列同为一阶单整序列，利用Johansen检验方法判断两变量是否协整。对变量lnCO_2、ln*fossil*水平值建立VAR模型。丹麦数据样本容量为30，设定滞后阶数不超过4，SC、HQ准则判定最优滞后阶为2。在此基础上分别进行Johansen协整检验，在5%的显著性水迹检验和最大特征值检验的结果一致，如表6-16和表6-17所示。认为丹麦的CO_2排放量和油气消费量序列间不存在协整关系。

表6-16　丹麦lnCO_2和ln*fossil*迹检验和特征根检验分析表

假设协整关系数量	特征值	迹检验统计量	0.05 临界值	P值.**
不存在	0.249 889	8.766 699	16.494 71	0.387 4
存在1个	0.025 238	0.715 741	3.841 466	0.397 5
迹检验表明在0.05的显著性水平下不存在协整关系				

表6-17　丹麦lnCO_2和ln*fossil*最大特征值检验

假设协整关系数量	特征值	最大特征值检验	0.05临界值	P值.**
不存在	0.249 889	8.050 959	14.264 600	0.373 6
存在1个	0.025 238	0.715 741	3.841 466	0.397 5
最大特征值检验表明在0.05的显著性水平下不存在协整关系				

6.3.4　挪威

挪威CO_2排放量与油气消费量对数序列时序图见图6-13。由图可见，CO_2排放量对数序列呈先下降后上升趋势，其中1990年达到最低，油气消费量序列呈增长趋势。

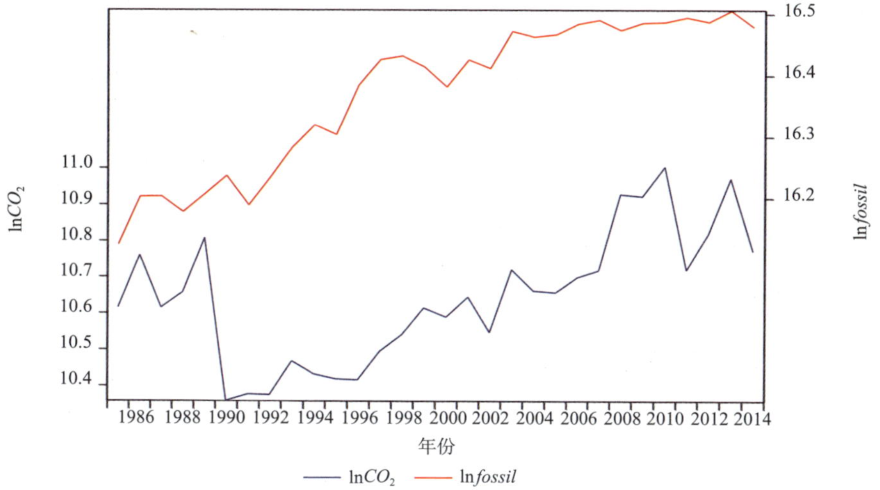

图6-13　挪威CO_2排放量与油气消费量对数序列时序图

6.3.4.1　平稳性检验

利用ADF检验对变量lnCO_2、ln*fossil*及其差分序列进行单位根检验。结果表明，在1%的显著性水平下，CO_2与油气消费量对数序列均是在一阶差分之后平稳。

6.3.4.2　协整检验

利用Johansen检验方法判断lnCO_2和ln*fossil*两变量是否协整，建立VAR模型。挪威数据样本容量为30，设定滞后阶数不超过4，AIC、FPE、HQ准则判定最优滞后阶为2。在此基础上进行Johansen协整检验，认为在5%的显著性水平下，迹检验和最大特征值检验的结果一致，拒绝两变量不存在协整关系的原假设，接受至多存在一个协整关系的原假设。因此，这里认为变量lnCO_2、ln*fossil*之间存在1个协整关系。

6.3.4.3 长期均衡关系和误差修正模型

由最优ARDL模型估计长期均衡关系如表6-18所示，ln*fossil*系数为负，但是不显著。建立误差修正模型，分析二氧化碳排放量与经济增长之间的短期动态关系，结果见表6-19。误差修正项的系数为−0.124 479，在1%的显著性水平下拒绝其不显著的原假设，另外系数符号为负，反映了当短期波动偏离长期均衡时，将以0.124 5的调整力度把非均衡状态拉回均衡状态。

表6-18 挪威lnCO_2和ln*fossil*长期均衡关系式

变量	系数	标准误差	t统计量	P值
ln*fossil*	−0.859 925	0.630 993	−1.362 811	0.184 2
C	24.377 340	10.211 500	2.387 244	0.024 2
@*TREND*	0.023 718	0.008 738	2.714 491	0.011 4

表6-19 挪威lnCO_2和ln*fossil*误差修正模型

变量	系数	标准误差	t统计量	P值.*
$D(\ln fossil^{(-1)})$	−0.194 719	0.136 570	−1.425 783	0.167 4
$D(\ln CO_2)$	−0.016 361	0.033 004	−0.495 739	0.624 8
$D(\ln CO_2{}^{(-1)})$	0.107 076	0.041 663	2.570 032	0.017 1
$ECM(-1)$	−0.124 479	0.042 279	−2.944 206	0.007 3
C	0.011 271	0.004 968	2.268 721	0.033 0
R-squared	0.300 134	Meandependentvar		0.009 886
AdjustedR-squared	0.178 419	S.D.dependentvar		0.030 647
F-statistic	2.465 862	Durbin-Watsonstat		2.066 625
Prob (F-statistic)	0.073 482			

6.3.5 美国（阿拉斯加）

美国（阿拉斯加）CO_2排放量与油气消费量对数序列时序图见图6-14，可见，CO_2排放量对数序列和油气消费量序列趋势大体相同，总体呈先上升后下降趋势。

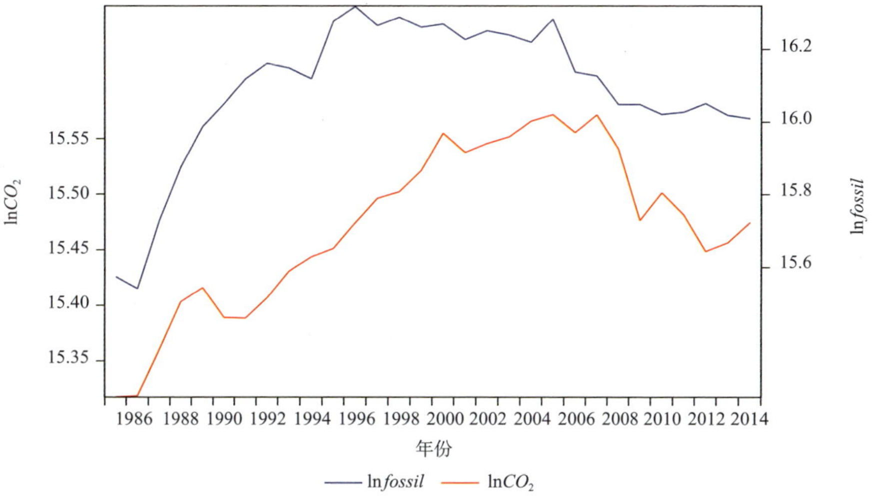

图6-14 美国（阿拉斯加）CO_2排放量与油气消费量对数序列时序图

6.3.5.1 平稳性检验

利用ADF检验对选取的两个变量进行单位根检验。在1%的显著性水平下，CO_2对数序列为一阶单整，油气消费量对数序列为平稳序列。

6.3.5.2 协整检验

利用Johansen检验方法判断$\ln CO_2$和$\ln fossil$两变量是否协整，建立VAR模型。美国（阿拉斯加）数据样本容量为30，设定滞后阶数不超过4，AIC、FPE、HQ准则判定最优滞后阶为2。在此基础上进行Johansen协整检验，迹检验和最大特征根检验结果一致，均拒绝两变量不存在协整关系的原假设，接受至多存在一个协整关系的原假设。因此，这里认为变量$\ln CO_2$和$\ln fossil$之间存在1个协整关系。

6.3.5.3 长期均衡关系和误差修正模型

采用自回归分布滞后（ARDL）模型估计其长期均衡关系，设定解释变量与被解释变量最大滞后阶不超过3，加入趋势项。根据AIC信息准则确定最优滞后阶数，得到最优模型为ARDL（1，0），调整的R^2为0.906 973，系数显著性检验的P值远小于0.01，在1%的显著性水平下拒绝不显著的原假设，即系数都显著，模型拟合效果较好。

由最优ARDL模型估计长期均衡关系如表6-20所示，ln*fossil*系数显著且为正，表明从长期来看，能源消费会带来CO_2排放量的增加，1%的能源消费会带来0.21%的CO_2排放量增加。

表6-20　美国（阿拉斯加）lnCO_2和ln*fossil*长期均衡关系

变量	系数	标准误差	t统计量	P值
ln*fossil*	0.214 149	0.038 029	6.631 183	0.000 0
C	11.968 100	0.607 581	19.697 930	0.000 0
@*TREND*	0.004 002	0.000 854	4.686 786	0.000 1

根据格兰杰表述定理，对具有协整关系的变量之间建立误差修正模型，基于ARDL（1，0）得到误差修正模型，如表6-21所示。模型揭示了油气消费量和经济增长两变量之间的短期动态关系和长期均衡关系。ECM项系数显著为负，并且不小于-1，符合反向修正机制的要求，说明短期冲击导致的偏离将以速度0.236 9恢复到长期均衡水平。变量*D*(ln*fossil*)的系数在1%的显著性水平下为正，进一步说明了美国（阿拉斯加）CO_2排放与油气资源消费量之间的正向变动关系。

表6-21　美国（阿拉斯加）lnCO_2和ln*fossil*误差修正模型

变量	系数	标准误差	t统计量	P值
$D(\ln CO_2^{(-1)})$	0.200 757	0.118 349	1.696 309	0.102 8
D(ln*fossil*)	0.095 047	0.055 024	1.727 380	0.096 9
ECM(−1)	−0.236 895	0.100 964	−2.346 345	0.027 5
C	0.003 187	0.004 119	0.773 771	0.446 6
R-squared	0.247 974	Meandependentvar		0.005 571
AdjustedR-squared	0.153 970	S.D.dependentvar		0.024 342
F-statistic	2.637 924	Durbin-Watsonstat		1.891 085
Prob(F-statistic)	0.072 657			

6.4　北极国家比较分析与讨论

针对北极五国的经济增长与两种温室气体的协整分析，发现并不是每个国家的相关变量都存在协整关系，如表6-22所示。基于上述协整分析结果，结合每个国家的基本情况分析原因，将从以下角度具体分析。

表6-22　北极国家经济增长与环境污染长期协整和短期误差修正系数比较

<table>
<tr><th>因变量</th><th>自变量</th><th>俄罗斯</th><th>加拿大</th><th>挪威</th><th>丹麦</th><th>美国
（阿拉斯加）</th></tr>
<tr><td rowspan="2">$\ln CO_2$</td><td>$\ln GDP$</td><td>0.249 004</td><td>0.464 231</td><td>0.401 792</td><td rowspan="6">不存在协整关系</td><td>−0.639 265</td></tr>
<tr><td>$\Delta\ln GDP$</td><td>0.491 182</td><td>1.131 558</td><td>无误差修正</td><td>−0.023 557</td></tr>
<tr><td rowspan="2">$\ln Methane$</td><td>$\ln GDP$</td><td>0.472 064</td><td rowspan="2" colspan="2">不存在协整关系</td><td rowspan="2">因数据缺失未分析</td></tr>
<tr><td>$\Delta\ln GDP$</td><td>0.152 562</td></tr>
<tr><td rowspan="2">$\ln CO_2$</td><td>$\ln fossil$</td><td rowspan="2">不存在协整关系</td><td>−0.291 056</td><td>−0.859 925</td><td>0.214 149</td></tr>
<tr><td>$\Delta\ln fossil$</td><td>0.197 601</td><td>−0.194 719</td><td>0.095 047</td></tr>
</table>

从前述分析中可知，油气资源产业是俄罗斯的经济支柱，在本章分析中发现，其经济增长对CO_2和甲烷两种温室气体排放量均有一定的促进作用，且短期的经济波动导致的偏离将以较快的速度恢复到长期均衡水平。但是，俄罗斯的石油、天然气消费量与CO_2排放量却不存在协整关系，这大概与俄罗斯较高的石油天然气生产有关。对石油、天然气工业经济高度依赖的俄罗斯，其经济增长与石油天然气存在协整关系，而经济增长又对温室气体排放有促进作用，说明俄罗斯石油天然气工业经济在温室气体排放中起到了重要作用。这是因为，俄罗斯在苏联解体后，继承了苏联遗留的畸形的产业结构，但产业内部结构调整仍比较缓慢，始终未摆脱经济对资源特别是能源产业的依赖，经济增长仍然要依靠原材料尤其是油气资源出口来拉动。甲烷在大气中存在的时间则相对较短，但通过人类活动排放的甲烷量要比自然界排放的甲烷量多得多，而且俄罗斯甲烷排放量中从事能源相关活动所产生的甲烷占有很大比重。甲烷利用率低、减少石油天然气等化石燃料开采过程中甲烷排放量的技术尚不完善，俄罗斯能源拉动经济增长的模式也表明甲烷排放与经济增长之间存在长期稳定的关系。

加拿大的经济增长对CO_2排放量也具有促进作用，且1%的经济增长会带来0.46%的CO_2排放，但经济增长与甲烷排放量不存在协整关系，而且其油气资源消费量对CO_2排放量是负影响，即1%的经济增长会减少0.29%的CO_2排放。这主要跟加拿大相对严格的环境政策和油气生产工业方式有关。例如，加拿大与美国达成有关北极的联合声明禁止北极近海的油气活动，并向多个地区提供了控制海洋污染的设备，为保护北极环境落实严格的安全法规，制定系列规章制度在相关海域严格推行。另外，加拿大出口大量原油，其自身的炼油企业无法提炼油砂这种稠油，只能大量出口至其他地区炼制，这就造成油气工业只有相对较少的甲烷和部分CO_2排放量。

挪威是对石油天然气高度依赖和有效利用的国家。其经济增长对CO_2排放量有一定的促进作用，而油气资源消费对CO_2排放量却是较强的抑制作用，1%的油气资源消费带来0.86%的CO_2排放量的降低。这与挪威提倡的环境保护和高效利用石油天然气密切相关。挪威石油和天然气产业拥有世界领先的安全和环保标准，其依赖石油却成功避免了“资源诅咒”，即依赖油气资源但是不被限制。丹麦的经济增长与温室气体排放量、油气资源消费与CO_2排放量均不存在协整关系，即丹麦成功实现了经济增长与碳排放的基本脱钩。丹麦生产石油天然气，但是却将石油和天然气的收入和主要精力投入到绿色能源上，成功实现了其绿色转型。美国（阿拉斯加）的经济增长对CO_2排放量具有较强的抑制作用，1%的经济增长带来0.64%的CO_2排放量的降低，油气资源消费却对CO_2排放量具有促进作用，这跟美国（阿拉斯加）这些年的油气资源生产降低和经济低迷有关。

6.5 小结

本章从环境影响角度选取CO_2和甲烷排放量两个指标，针对北极五国的经济增长与温室气体排放、温室气体排放与油气资源消费进行协整分析。提倡绿色能源的丹麦经济增长、油气资源消费均与温室气体排放之间不存在协整关系，实现了经济增长与碳排放的基本脱钩。加拿大与挪威情况一致，经济增长对CO_2排放量有促进作用，系数分析额是0.46和0.40，油气资源消费量对CO_2排放量是负影响，系数分别为−0.29和−0.86，表明其严格的环境政策对CO_2排放量有较强的抑制作用。俄罗斯经济增长对CO_2和甲烷两种温室气体排放量均有促进作用，系数分别是0.25和0.47，但油气资源消费和CO_2间不存在协整关系，说明其环境保护方面相对较弱。美国（阿拉斯加）与其他国家不一致，经济增长对CO_2排放量具有较强的抑制作用，油气资源消费却对CO_2排放量具有促进作用，与其这些年油气资源生产降低和经济比较低迷有关。

第7章　北极国家油气资源与环境压力综合分析

北极地区能源储量丰富，油气资源潜力巨大，具有重要的战略开发价值。但北极地区生态环境脆弱，气候变化敏感。北极资源的大规模开发利用对生态环境的作用将直接影响北极资源利用的方式和途径。在各国纷纷制定并开始实施北极战略的背景下，分析和研究北极国家能源使用带来的环境压力具有重要的参考价值。同时，通过对北极国家以及中国在资源结构以及资源消费模式等方面的横向比较，总结中国与其他国家在能源禀赋方面的互补性。以此为依据，寻求中国与北极国家实现合作共赢的方向，为规划合作前景提供依据。

本书所关注的是北极国家能源开发利用、生产、消费和环境压力之间的关系，通过对不同国家特点的分析，结合各国北极政策和工业发展方向，探索北极国家留给非北极国家的参与空间，进而分析中国与北极国家合作的可行性和实现路径。本章对环境压力分析时，采用推广的环境压力控制模型即STIRPAT模型，选取能够体现油气资源与环境压力特点的自变量，对北极国家能源使用所造成的环境压力影响进行分析。

7.1　数据来源与变量释义

7.1.1　模型变量释义

STIRPAT模型主要用于研究人类活动对环境造成的影响。因变量I代表环境压力，通常采用二氧化碳排放量来衡量（Dietz et al.，1994）。自变量涉及人口、人均财富和技术。在结合研究目标、参考研究现状的基础上，将人口数量、人均GDP、能源消费总量和能源强度作为模型自变量。

人口对于环境的影响是复杂的，除了人口规模外，人口结构、人口地区分布以及新生儿的出生率等因素对环境的影响也不可忽略（张润华，2007）。由于本书主要研究的是能源资源利用与消费带来的影响，为简化模型，采用人口数量作为影响环境的人口因素，用人均GDP表示人均财富水平。人均财富是国家居民富裕程度的重要体现，也是影响温室气体排放的重要因素。Shi（2003）通过数据分析发现：在发展中国家，人口变化对排放量的影响要比发达国家明显得多，尤其是在中低收入国家，假设这种现象主要是受居民收入水平的影响，并用人均GDP来表示人均财富，STIRPAT模型验证了这一猜想。技术因子的选取比较多元化，邓爽和赵涛（2015）采用STIRPAT模型对金砖国家环境压力的影响因素进行分析。通过对人口总量、人均GDP、能源强度、城镇化等影响因素的研究，总结金砖国家各自的能源消费模式，通过横向比较发现国家间在资源使用方面的互补性，展望金砖国家合作发展的前景，缓解金砖国家日益增长的资源需求所带来的压力。卫平和周亚细（2014）使用STIRPAT模型对跨国研究的实例进行了分析，证实了能源消费强度以及城市化水平对CO_2排放量的影响。本章结合跨国研究的实例，选取能源消费量和能源强度作为技术因子的衡量指标。扩展后的STIRPAT模型为：

$$\ln I = \ln a + b(\ln P) + c(\ln A) + d_1(\ln T_1) + d_2(\ln T_2) + \ln e \qquad (7-1)$$

其中I、P、A分别表示环境压力、人口数量、人均财富。T_1、T_2分别代表能源消费的总量、能源强度，$\ln e$作为误差项，如表7-1所示。

表7-1　北极国家STIRPAT模型变量解释

	变量	变量名	衡量指标	单位
因变量	I	环境压力	二氧化碳排放量	million metric ton
自变量	P	人口	人口数量	
	A	人均财富	人均GDP	per capita constant 2010 US$
	T_1	技术水平1	能源消费量	kg of oil equivalent
	T_2	技术水平2	能源强度	MJ/$2011 PPP GDP

注：数据来源于世界银行

7.1.2　数据来源

为保障研究结果的完整性，本章以环北极五国，即美国、加拿大、俄罗斯、挪威、丹麦作为研究对象，数据均来源于世界银行数据库。其中采用阿拉斯加州的数据代替美国的数据，研究阿拉斯加的能源消费量和CO_2排放量的环境压力。经过数据共线性检验后，发现阿拉斯加数据不具备趋势性，时间序列数据的散落性不一致性较强，不适合最小二乘或者偏最小二乘回归。因此，这里没有针对阿拉斯加进行分析。

7.1.3　变量检验

多元线性回归分析尤其是在涉及经济变量的多元回归模型中，多个自变量决定一个因变量，其中有部分自变量呈高度相关，也就是说，这些变量导致解释因变量的信息出现了“重叠”。这种情况就需要检验变量的多重共线性。多重共线性（multicolinearity）是在p个回归变量间存在严格的或近似的线性关系。多重共线性模型中如果有多个自变量有共同的上升趋势，它们之间很有可能有高度的相关关系。多重共线性的直接后果是回归系数参数估计的标准误差变大，置信区间变宽，估计值的稳定性降低，接受备择假设犯错概率增加，造成系数t检验通不过的概率增加，难以得到正确的系数估计值。

为了防止各自变量之间存在多重共线性，即自变量间存在近似的线性关系，某个自变量能近似地用其他自变量的线性函数来描述，这里采用方差膨胀因子来检验。对各国的方差膨胀因子进行计算，结果如表7-2所示。可以看出，各国参数的方差膨胀因子都远大于10，说明人口数量、人均GDP、能源消费总量和能源强度之间存在着严重的多重共线性。当模型出现多重共线性时，仍然使用最小二乘法估计模型参数，会产生多种不良的后果，使得变量的显著性检验失去意义，可能会导致参数估计量的经济含义不合理（邓爽等，2015）。因此，需要采用偏最小二乘法（PLS）对模型进行求解。

表7-2　北极国家和中国STIRPAT模型数据方差膨胀因子

变量	中国	加拿大	俄罗斯	挪威	丹麦
$\ln P$	8 767.944	11 608.54	173 309.4	16 573.14	39.611 77
$\ln A$	1 003 142	34 970.76	50 940 508	85 997.17	1 338.867
$\ln T_1$	480 068.0	17 000.50	4 274 749	83 358.42	407.580 8
$\ln T_2$	191 171.7	28 522.87	31 982 859	37 301.77	2 367.352

7.2　STIRPAT模型构建方法

本节在建立STIRPAT模型过程中，应用偏最小二乘法对模型进行求解。偏最小二乘法作为一种新兴的多元统计方法，其最恰当的解释为：偏最小二乘回归≈多元线性回归分析+典型相关分析+主成分分析（王惠文，1999）。与传统多元线性回归模型相比，偏最小二乘回归可以对系统中的数据信息进行分解和筛选，辨别系统中的信息和噪声，从而能够在自变量存在严重多重相关性的条件下进行回归建模，克服多重共线性的作用。同时，偏最小二乘回归在最终模型中将包含原有的所有自变量，保持模型中各参数的经济意义。而且，在偏最小二乘回归模型中，每一个自变量的回归系数将更容易解释。

所选用的是单因变量的偏最小二乘回归模型，模型建立过程中各参数的含义如表7-3所示。模型建立主要有两个步骤，第一步是提取主成分，第二步是抽取成分作为原始自变量回归后的残差向量。具体步骤以下将详细介绍。

表7-3　偏最小二乘模型的参数

符号	含义
x	自变量
y	因变量
$r(x_i, x_j)$	变量x_i，x_j间的相关系数
$\mathrm{Cov}(x_i, x_j)$	变量x_i，x_j之间的协方差

第一步，提取成分t_1，做y在t_1上的回归，得出回归方程，同时计算交叉有效性指标Q_h^2，若$Q_h^2 \geqslant 0.0975$，则继续引进新的主成分t_h，此时对模型的预测能力有明显的改善（王惠文，1999）。计算公式如下：

$$t_1 = \left[\sum_{j=1}^{m} r\left(x_j, y\right) x_j\right] \Big/ \sqrt{\sum_{j=1}^{m} r^2(x_j, y)} \tag{7-2}$$

$$Q_h^2 = 1 - \frac{PRESS_h}{SS_{h-1}} \tag{7-3}$$

其中SS_h和$PRESS_h$的定义式为：

$$\begin{aligned} SS_h &= \sum_{i=1}^{n}\left(y_i - \hat{y}_{hi}\right)^2 \\ PRESS_h &= \sum_{i=1}^{n}\left(y_i - \hat{y}_{h(-i)}\right)^2 \end{aligned} \tag{7-4}$$

记 y_i 为原始数据，$t_1, \cdots$，t_m是在偏最小二乘回归过程中提取的成分。$\hat{y}_{hi}$ 是使用全部样本点并取 $t_1 \sim t_h$ 个成分回归建模后，第i个样本点的拟合值。$\hat{y}_{h(-i)}$ 是在建模时删去样本 i，取 $t_1 \sim t_h$ 个成分回归建模后，再用此模型计算 y_i 的拟合值。

第二步，抽取成分 t_2（公式如下），记$x_{11}, \cdots$，x_{1m}是原始自变量回归后的残差向量，不断提取成分直至 $Q_h^2 \leqslant 0.0975$。

$$t_2 = \left[\sum_{j=1}^{m} \mathrm{Cov}\left(x_{1j}, y\right) x_{1j}\right] \Big/ \sqrt{\sum_{j=1}^{m} \mathrm{Cov}^2\left(x_{1j}, y\right) x_{1j}} \tag{7-5}$$

本章采用Simca-p软件对各国的STIRPAT模型进行偏最小二乘回归。在计算过程中，选取多个参数衡量回归过程的有效性。在提取主成分后，通常使用 R^2X、R^2Y 与 Q^2 来判断提取的主成分对数据信息的把握。参数 R^2X 反映模型对X变量的解释能力，表示提取的成分对自变量X的代表程度；R^2Y 反映模型对Y变量的解释能力，即模型在建立的过程中对所有因变量Y变化进行说明的部分；Q^2 反映模型拟合程度，即通过模型交叉性检验进行预测因变量Y变化的部分，一般要求 $Q^2 > 0.5$。通常情况下认为 R^2X、R^2Y 与Q^2 数值越接近于1，则模型稳定性与预测能力越好。根据相关研究（王惠文等，1999），通常采用 T^2 椭圆图和 t_1/u_1 平面图对模型的合理性进行检验，也可以通过样本点在X和Y空间的标准化模型距离表示模型的重构质量。在 T^2 椭圆图中，通过计算样本点的 T^2 值，来观察样本点的分布情况。在 t_1/u_1 平面图中，t_1 为偏最小二乘回归在 X 中提取的第一个主成分，u_1 是回归过程中在Y中提取的第一个主成分，即 t_1和 u_1 分别是 x_i 和 y_i 的线性组合。各自在最大可能上代表了 X 和 Y 变量中携带的信息。t_1 和 u_1 的线性关系表现出彼此的相关程度，反映了在对主成分提取的过程中，自变量的成分对于因变量成分的解释程度。除此之外，VIP（Variable Importance in Projection）值也是在PLS拟合参数过程中极具参考性的指标。VIP值反映的是变量投影重要性，即衡量自变量对因变量解释能力的一个重要的指标，其值越大，则认为该自变量对因变量的解释能力越强，对预测值的贡献度越大。

7.3 北极国家的STIRPAT模型构建与分析

7.3.1 俄罗斯

7.3.1.1 模型建立与检验

使用PLS估计模型参数的过程主要分为两个部分，一是模型主成分的提取，二是在主成分提取后对模型的合理性进行检验。在首次检验模型合理性时，T^2 椭圆图中可能会出现特异点，即偏离样本点平均水平的数据，特异点的存在将对 t_1/u_1 平面图中的回归线产生明显的拉动作用，从而影响结果判断。因此，在主成分确定后，对于模型中特异点的检验至关重要，检验的结果将会直接影响最终PLS拟合参数的效果。在构建俄罗斯STIRPAT模型的过程中，两次检验均发现了特异点的存在。即在图7-1（a）中，存在样本点分布在95%置信水平的 T^2 椭圆之外的情况，即样本数据存在特异点。在除去此特异点的基础上，再次进行主成分分析，绘制 T^2 椭圆图，如图7-1（b）所示。特异点再次出现，去除该特异点，再次对剩余的数据提取主成分。

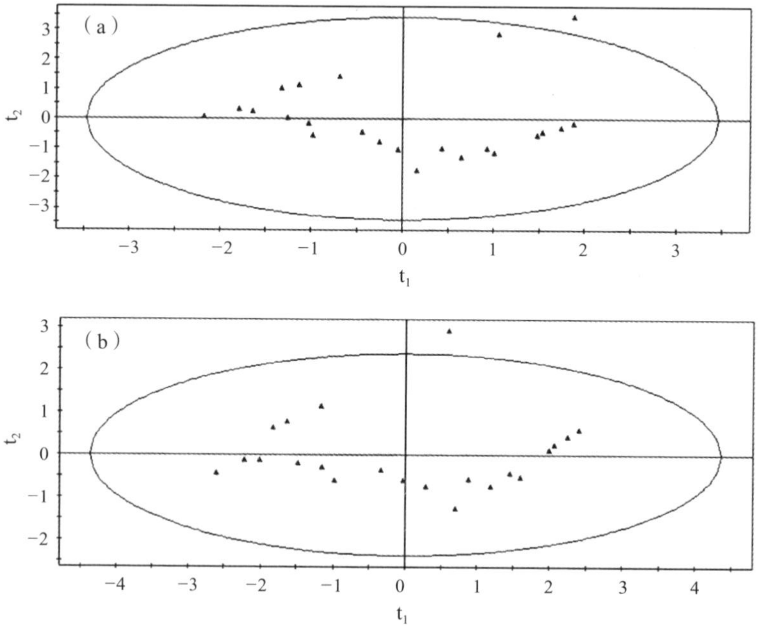

图7-1　俄罗斯STIRPAT模型 T^2 椭圆图

除特异点后，主成分的提取结果参考图7-2，其中，柱形图的个数表示了主成分的提取数量，柱形图高度反映出了主成分的提取对于模型拟合的效果。随着对于主成分提取个数的不断增加，Q^2 和 R^2Y 的数值也在不断地趋向于1。在提取了3个主成分t_1，t_2，t_3的基础上，Q^2 的值达到0.959，即主成分对于数据交叉信息的拟合程度可以达到95.9%。R^2X(cum)的数值为1，即提取成分对自变量 X 的累计解释程度达到1，模型的构建实现了对自变量信息的全部提取。R^2Y 的数值（模型对与因变量Y变化的解释程度）也达到了0.974，即3个主成分能够实现对因变量信息97.4%的解释。通过这3个参数可以看出，模型的精度非常高。处理后，所有的样本点都分布在 T^2 椭圆内，不存在特异点，即对于估计参数过程所选取的数据，其整体取值分布基本上是均匀的。既体现了PLS对于模型的拟合效果良好，又保证了在提取主成分的过程中，不会受到极端信息的影响，表明了数据包含信息的有效性，使得主成分的提取不需要再次进行改动。

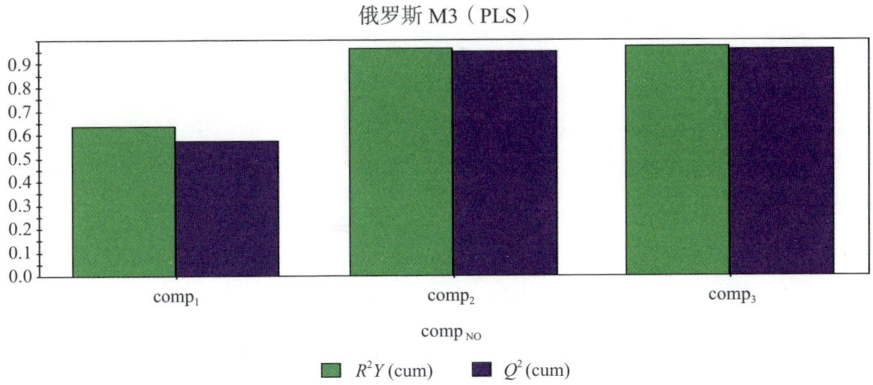

图7-2 俄罗斯模型拟合结果显示图

从图7-3中可以看出，因变量和自变量之间存在着明显的线性趋势，但第4、第5、第6个样本点有些偏离回归曲线。事实上，拟合过程中虽然提取了俄罗斯自变量数据的全部信息，但是CO_2的排放量即环境压力不仅仅只是受到这几个变量的影响。环境压力在很大程度上也受到城市化率的影响，主要原因是城镇化水平（城镇人口占总人口的比重）不仅仅可以在侧面反映居民的生活方式，更重要的是城镇化的推进可以通过修建公共设施拉动消费和投资，但也会带来工业污染、空间拥挤等环境问题，造成环境压力（高明等，

2016）。而俄罗斯的城市化进程在很大程度上受到了苏联解体的影响，自1991年，俄罗斯的人口数量开始减少，这一年是俄罗斯城市化S型曲线的转折点，同时也是俄罗斯城市化进程的终结点。1991—1996年，俄罗斯的城市化进程基本处于停滞状态，大城市的人口数量不断减少，然而在城市化水平极不完善的出于半边缘化的中小城市中，人口数量却出现了增加（王芳等，2006）。参考以上两条原因，前端数据所出现的异常波动在一定程度上与俄罗斯90年代初期出现的城市发展过程的反极化趋势有关。但在总体上来看，模型的建立是比较合理的。

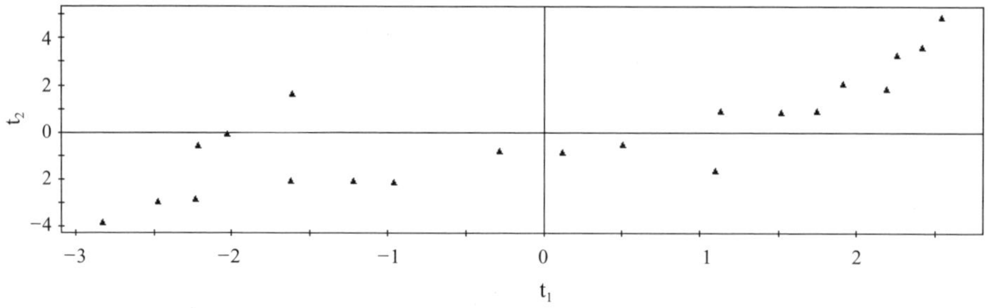

图7−3　俄罗斯模型t_1/u_1平面图

对于数据重构质量的分析可借助图7−4和图7−5的折线图，可以明显地观察出数据总体的重构水平，同时也可以反映某些点的重构质量明显优于或劣于平均水平。图7−4中的变量是样本点在X空间与标准化模型的距离，这一参数的高低表示数据的重构质量的优劣。通常情况下，通过与F统计量的经验值进行比较，可以判断模型的重构质量。在图7−4中，所有的样本点在X空间的模型距离都小于Simca-p给出的临界值2.7911，说明在对俄罗斯STIRPAT模型的PLS参数拟合过程中，数据重构的质量很高。如图7−5所示，$(DModY, N)_{15} = 2.37935$，其他样本点在$Y$上的标准化模型距离都小于2，即样本点的值均小于F统计量的经验值，数据重构的质量很高。

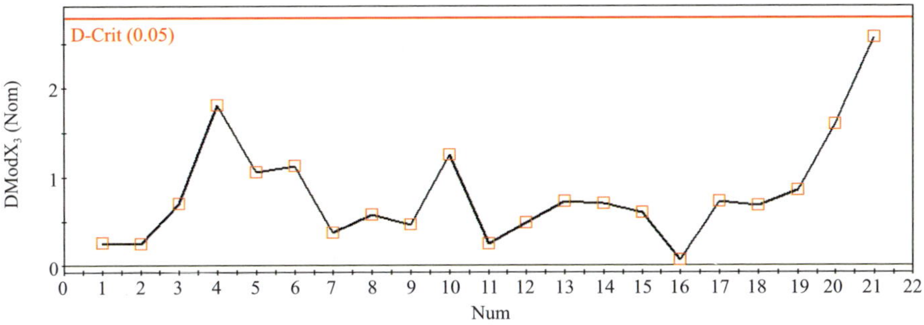

图7-4　俄罗斯样本点在 *X* 空间的模型距离

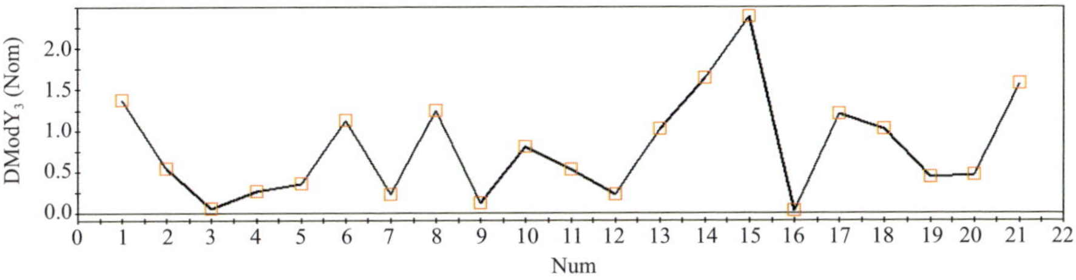

图7-5　俄罗斯样本点在 *Y* 空间的模型距离

当提取3个成分、自变量个数为4时，由VIP值绘制的直方图如图7-6所示。可以看到变量对 *Y* 的解释力度都超过了0.8，说明PLS回归模型所选用的自变量是基本合理的，且自变量对因变量均具有较强的解释能力。VIP值还可以对各因素影响的重要性进一步进行分析。在图7-6中，通过柱形图的高低可以看出，能源消费量是造成环境压力最重要的驱动因素。各因素的影响按照VIP值重要性排序分别为：能源的消费量、人口数量、能源结构和人均GDP。

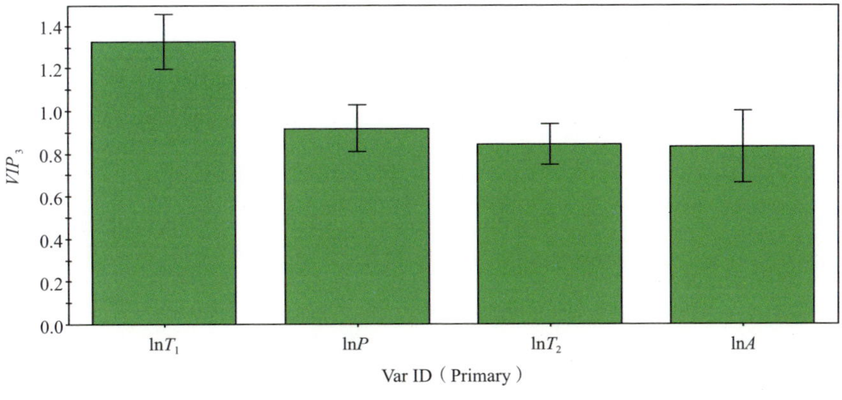

图7-6　俄罗斯CO_2排放的VIP图

7.3.1.2 结果分析

通过上述偏最小二乘法估计参数，确定了各参数的系数，如式（7−6）。则俄罗斯的STIRPAT模型为：

$$\ln I = 263.388 - 0.121\,004 \ln P - 0.052\,98 \ln A + 1.313\,5 \ln T_1 + 0.479\,174 \ln T_2 \quad (7-6)$$

通过模型可以看出，能源消费量和能源强度的提高将会带来CO_2排放的增加，这主要是与俄罗斯的能源消费结构和经济发展过程有关。世界银行的数据显示：俄罗斯能源消耗量1990年达到峰值后，呈现下降趋势，并且直至今日仍然没有超过1990年的水平。这主要与俄罗斯的经济发展过程以及俄企业的经营意识有关。受冷战失败、苏联解体的影响，社会的动荡不安使得俄国的经济在1990年降至冰点，在这种情况下，企业纷纷减少产出。但是出于社会福利以及技术发展的考虑。当产量降低时，俄企业并未关闭部分生产线，而是通过让所有的生产线都维持较低的生产水平来降低生产量。这种举措使得大量的能源被消耗，从而造成了大量CO_2的排放和巨大的环境压力（阿莱克桑德拉·诺维克娃等，2010）。从模型中还可以发现，1单位的能源消费量的增加将带来1.313 5单位的CO_2的排放，除了能源利用程度低的原因外，俄罗斯的工业结构也对此产生了影响。在俄罗斯的经济发展过程中，俄罗斯一直推进重工业发展来刺激本国经济发展，忽略了轻工业和农业。发达的重工业需要大量的能源消耗来支持，这也必然会加重CO_2的排放，尤其是在俄罗斯重工业发展的早期，环境科学尚未发展，环保意识尚未建立，相关技术尚未达标，对环境造成的压力是比较大的。

俄罗斯油气资源基础雄厚，不仅在陆域，在海洋尤其是大陆架附近海域都蕴藏着丰富的油气资源。随着其对北极大陆架的开发和西西伯利亚油气田产量的提高，俄罗斯的油气能源开发对于全球能源都将起到举足轻重的作用。同时，俄罗斯作为石油和石化产品出口的大国，其油气资源是推进国际外交合作的基石。油气等能源消费在带来GDP极大增长的同时，对CO_2排放的增长作用十分明显。分析俄罗斯能源消费的结构组成，如图7−7所示，石油天然气占比在50%以下，可见其对CO_2排放量的增长贡献一般，仍然是煤炭燃料消费占比较大。因此，可以通过提高油气等相对清洁的能源消费比例，适当减少CO_2排放。但俄罗斯能源燃料组合的结构变化所产生的影响，尤其是可再生能源政策带来的影响目前仍不确定。CO_2排放量与人口数量、人均GDP呈负相关关系的主要原因，仍在于俄人口密度和人口结构。俄属北极地区的人口密度相对其他北极国家要大很多，人口在5 000以上的城市和乡村就有46个，生态问题显得尤为重要。因此，俄罗斯在北极地区油气资源的开发活动中，需要对北极的经济活动采取一系列专门限制措施，包括必须不惜重金采用无害化生态技术以及遵守严格的生产规则，同时，还须注入巨资用于恢复可能被破坏的生态环境（张雪冬，2012）。为减少CO_2排放，降低环境压力，保护北极生态环境，除积极调整能源消费结构、加大油气资源的消费外，还需要积极开发新能源。中俄在新能源合作方面主要集中于核能、太阳能和风能等技术（陈思旭，2011）。

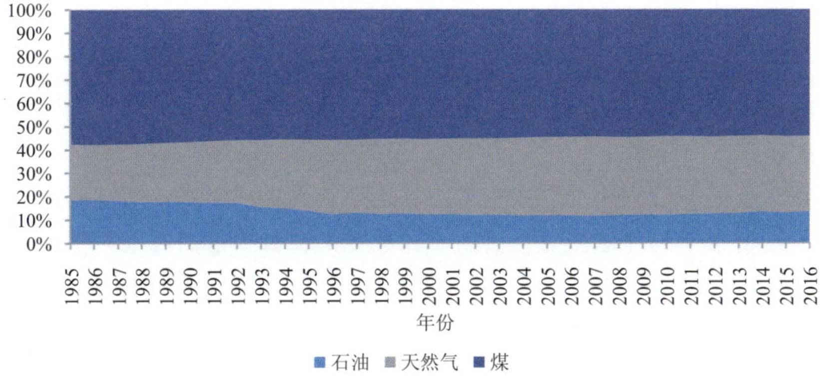

图7-7　俄罗斯的能源消费结构

7.3.2　加拿大

7.3.2.1　模型建立与检验

在加拿大模型的主成分提取过程中，随着提取个数的不断增加，Q^2和R^2Y的数值也在不断地趋向于1，见图7-8。为了保证模型对自变量信息的提取和对因变量变化的描述，提取3个主成分t_1、t_2、t_3时，Q^2的值达到0.943，即主成分对于数据交叉信息的拟合程度可以达到94.3%。R^2X(cum)的数值为1，即提取成分对自变量X的累计解释程度达到了100%，自变量的信息全部得到了提取。R^2Y的数值也达到了0.957，即3个主成分能够实现对因变量信息95.7%的解释。总体来看，模型的精度比较高，整体拟合效果较好。

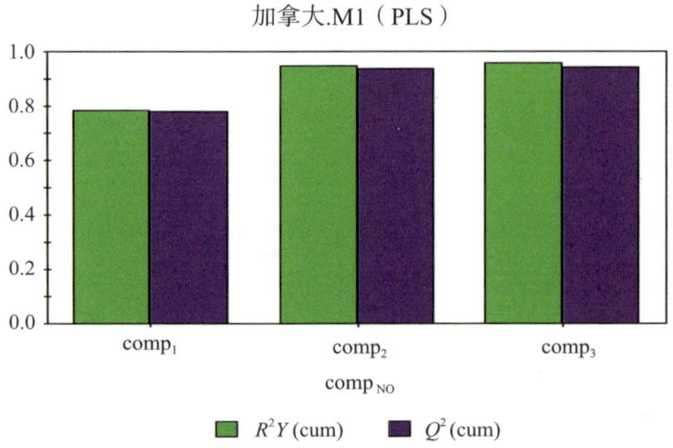

图7-8　加拿大模型拟合结果显示

因变量和自变量之间存在着明显的线性趋势，如图7-9所示，但是后期数据出现了向上的弧度，同时最右端的数据出现了小幅度的下降。这一现象可能与加拿大近年来制定的合理的产业政策有关。加拿大成立了多个环境技术推广中心，服务于技术开发水平有限的中小型企业，同时制定环保产业政策，减少环保企业的经营风险。这些举措都有效地促进了环保产业的发展，减轻了经济发展所带来的环境压力。而这一因素并未在自变量的选取中得到体现，这一信息的遗失可能是导致曲线出现异常波动的原因（隋广军等，2002）。同时环境库兹涅茨（EKC）曲线的存在也可能是导致数据点偏离的另一原因。在STIRPAT中，引入人均GDP作为人均财富的表示，人均GDP和CO_2排放量可能会呈现倒U型的曲线关系（侯伟丽，2007），而这种可能存在的关系也会对数据的 t_1/u_1 产生影响。虽然EKC曲线同样是研究环境压力过程中不可或缺的考虑因素，但是出于研究目的和篇幅限制，将不再对这一猜测进行验证。但总体上来看，模型的建立还是比较合理的。

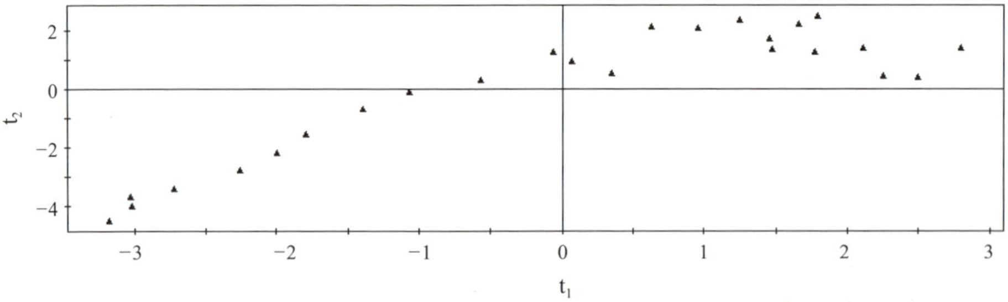

图7-9　加拿大模型 t_1/u_1 平面图

加拿大数据的所有样本点都分布在T^2椭圆内，如图7-10所示，不存在特异点。这说明了数据整体的取值分布基本上是均匀的，表明了数据包含信息的有效性。因此模型的效果良好，对于主成分的提取不需要再次改动。绝大部分样本点在X空间的标准化模型距离都小于Simca-p给出的临界值2.686，说明整体的数据比较平稳，数据重构的质量很高。通过样本点在Y上的标准化模型距离及其在数值上的比较，可以认为样本点的重构质量是基本均匀的。

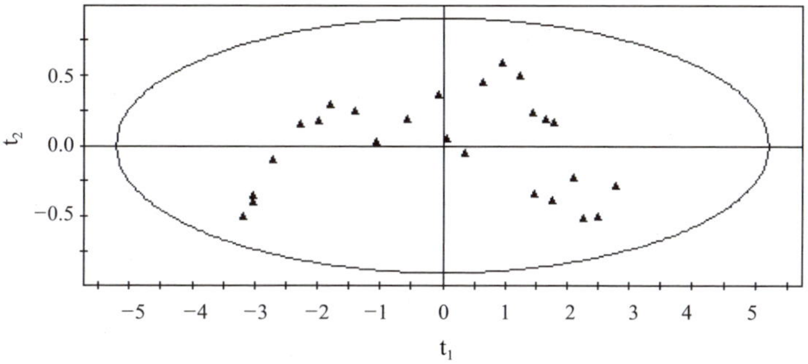

图7-10　加拿大模型T^2椭圆图

通过图7-11可以看出，变量对Y的解释力度均超过了0.8，说明PLS回归模型所选变量是基本合理的。在VIP值的大小上，加拿大与中国的情况相同，能源消费量是造成环境压力最重要的驱动因素。在VIP图中对CO_2排放量影响重要性的因素依次是能源消费量、人均财富、人口以及能源强度。

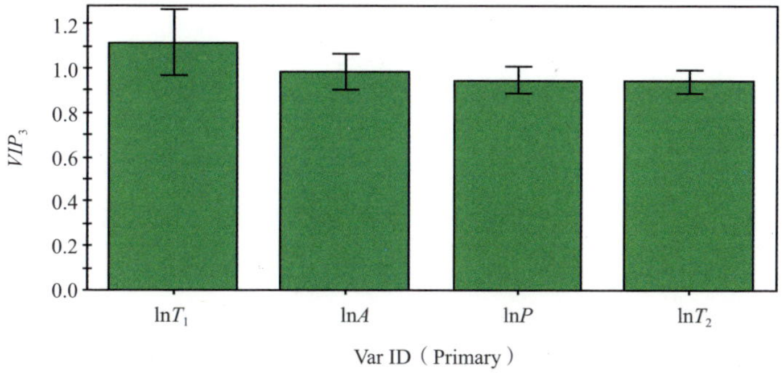

图7-11　加拿大CO_2排放的VIP图

7.3.2.2　结果分析

通过偏最小二乘法估计参数，构建加拿大的STIRPAT模型如下：

$$\ln I = 153.511 - 0.701\,643\ln P + 0.865\,197\ln A + 0.939\,271\ln T_1 + 0.199\,731\ln T_2 \quad (7-7)$$

可以看出，CO_2排放量与人口的增长之间呈负相关关系，即通过提高人口的出生率，增加人口数量，可以降低CO_2的排放量。加拿大近年来关注环保产业的发展，环保产业中引入大量高科技人才，这一举措可能是人口对环境压力产生负相关关系的主要原因。同时，CO_2排放量与能源消耗呈现正相关关系。值得注意的是在加拿大的STIRPAT模型中，1单位的能源消费将会产生将近0.939 27单位的CO_2排放，能源消费带来的环境压力十分显著，在北极国家中处于一个较高的水平。加拿大的居住环境、交通、工业发展都极具特色。因此，造成这一现象的原因可能是多方面的。

首先是加拿大的气候，加拿大地处高纬度地区，气候属于寒温带和亚热带的结合，冬季气温相对较低且持续时间较长，居民的生活和工作都需要比较大的能源消耗来维持。其次是加拿大居民的居住特点，加拿大地广人稀，居住相对比较分散且大多数为独立房屋，对热量消耗较大。加之汽车是加拿大家庭普遍使用的交通工具，因此造成了比较大的环境压力。最重要的一点是加拿大的工业结构和区域经济发展状况。加拿大是世界七大工业化大国之一，初级制造业是国民经济的主要支柱。同时加拿大存在着区域发展差异，东部、中部以及西部各省的发展规划与经济状况都有很大差距，经济发展的不平衡意味着资源分配的不平衡，在发展较为落后的省份或地区，技术的不足以及经济发展的要求等因素都会导致环境压力的加大（石英，2016）。综上可以看出，加拿大对能源的消费量很大，家庭取暖和初级制造业方面环保意识相对薄弱，区域经济发展的不均衡更加剧了环境压力。

7.3.3　挪威

7.3.3.1　模型建立与检验

挪威与俄罗斯的建模过程类似，在首次提取主成分，进行模型合理性检验时，样本出现了奇异点，如图7-12所示，偏离样本点平均水平的数据对模型的构建产生了不良的影响，因此对该数据进行删除。删除后对新的数据再次提取主成分。

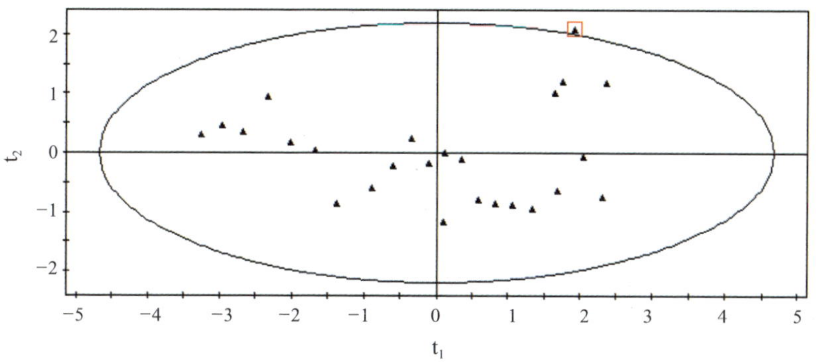

图7-12 挪威模型T^2椭圆图

随着主成分提取个数的不断增加，Q^2和R^2Y的数值也在不断地趋向于1，如图7-13所示。为了保证模型对自变量信息的提取和对因变量变化的描述，在提取了两个主成分t_1，t_2的基础上，Q^2的值达到0.975，即主成分对于数据交叉信息的拟合程度可以达到97.5%。R^2X(cum)的数值为0.981，即提取成分对自变量X的累计解释程度达到了98.1%，自变量的信息大部分都得到了提取。R^2Y的数值也达到了0.959，即2个主成分能够实现对因变量信息95.9%的解释。总体上，模型的精度比较高，整体拟合效果较好。

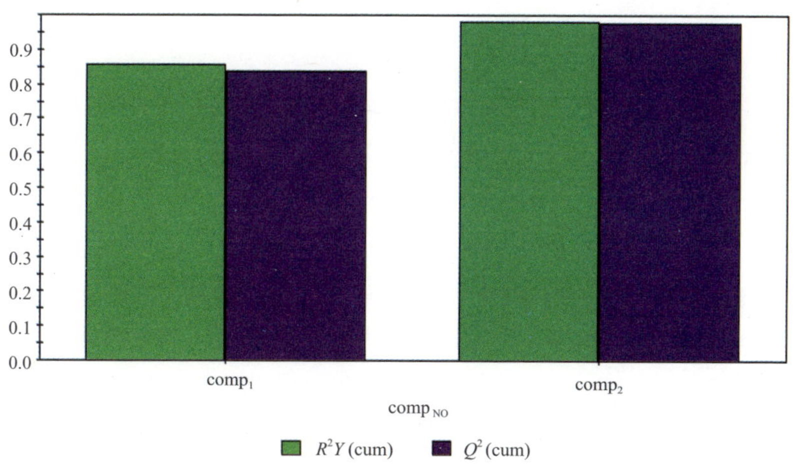

图7-13 挪威模型拟合结果显示

剔除特异点后，所有的样本点都分布在T^2椭圆内，即对于估计参数过程所选取的数据，其整体取值分布基本上是均匀的，对于主成分的提取不需要改动。同时，因变量和自变量之间存在着明显的线性趋势，说明模型的建立是合理的。通过分析样本点在X空间和Y空间与标准化模型的距离，也发现模型的重构质量比较好，基本均匀。

由图7-14可以看出，变量对Y的解释力度均超过了0.8，说明PLS回归模型所选变量基本合理。同时在VIP图中对CO_2排放量影响重要性的因素依次是能源消费量、人口、人均财富以及能源强度。能源消费量是造成环境压力最重要的驱动因素，这与俄罗斯和加拿大的情况都是一致的。

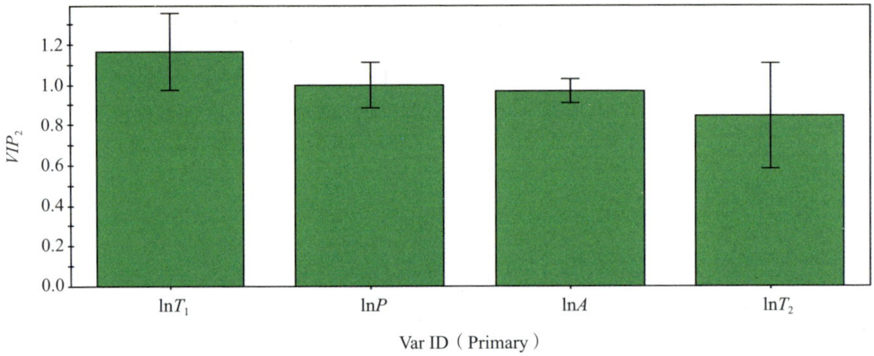

图7-14　挪威的CO_2排放量的VIP图

7.3.3.2　结果分析

通过偏最小二乘法估计参数，确定各参数的系数。挪威的STIRPAT模型为：

$$\ln I = 58.093\,7 + 0.355\,681\ln P + 0.233\,085\ln A + 0.593\,996\ln T_1 + 0.236\,944\ln T_2 \tag{7-8}$$

虽然在挪威的STIRPAT模型中，每项参数的系数均为正，即每个变量的增加都会带来CO_2的排放，但是各项系数都处于较低的水平。这主要是与挪威的环境保护意识有关，挪威虽然靠石油富国，却在奋力追求绿色转型。尤其是在能源、技术创新、国际合作及立法体系等方面的表现突出，值得我国借鉴。在能源方面，挪威虽是油气资源国，但本国油气资源几乎完全出口，且十分重视能源生产和环境保护的协调发展，深入考虑能源开采的可持续性。挪威能源供应主要由石油、天然气、煤和可再生能源组成。通过图7-15可以看出，挪威的能源结构正在逐渐地发生改变。煤的使用量逐渐降低，而天然气和电能的消费量逐渐增加。挪威也积极追求可再生能源的多元化，除了电能以外，生物能也在技术和商业领域有了很大的突破，潮汐能和海浪能也被挪威视为未来发展的主要方向。挪威的可再生能源利用比例占能源总消耗的近60%。挪威推进绿色转型，计划在2025年全面禁售化石燃料汽车，在2030年成为碳中和社会。挪威政府根据巴黎气候变化协定，计划在1990年水平的基础上，减少至少40%温室气体的排放，并在2050年之前成为低碳社会。

挪威在能源开发、环境保护、可持续发展等方面建立了完备的法律体系，且有专门的法律法规进行详述，这些值得我国在结合国情的基础上进行学习（谷志红等，2008），也为我国与挪威在油气资源合作方面奠定了基础。在国际合作方面，挪威积极进行多边和双边合作，除了与北欧地区的合作，挪威还与俄罗斯以及巴伦支海地区的国家建立了合作。

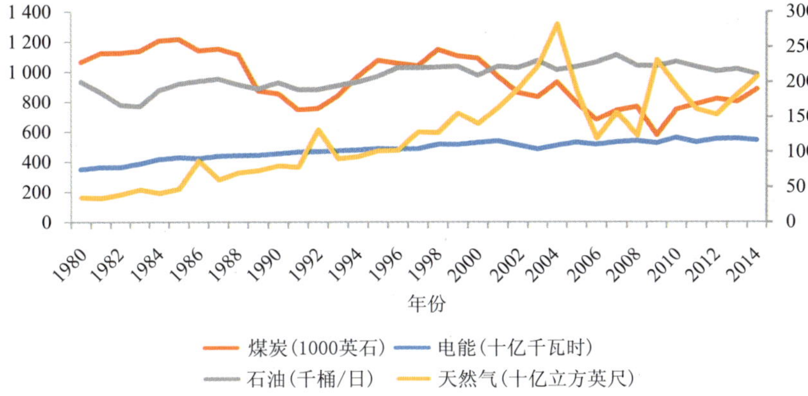

图7-15　挪威的能源消费情况

7.3.4　丹麦

7.3.4.1　模型建立与检验

对丹麦的数据进行主成分提取，由图7-16可以看出，随着提取个数的不断增加，Q^2 和 R^2Y 的数值也在不断地趋向于1。在提取了两个主成分 t_1 与 t_2 后，Q^2 的值达到0.978，即主成分对于数据交叉信息的拟合程度可以达到97.8%。R^2X(cum)的数值为0.983，自变量的信息大部分都得到了提取。R^2Y 的数值也达到了0.981，即2个主成分能够实现对因变量信息98.1%的解释。总体来看，模型整体拟合效果较好。

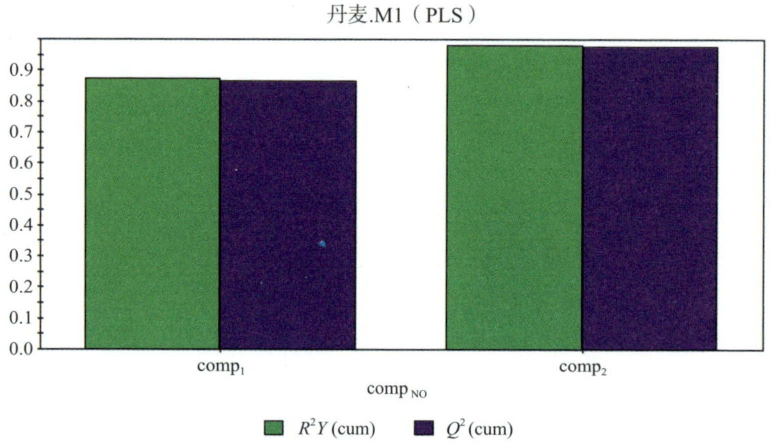

图7-16　丹麦模型拟合结果显示

对样本点进行特异点分析，见图7-17，所有样本点均分布在T^2椭圆内，不存在特异点，模型拟合效果良好，不需要再做出改动。从图7-18中可以看出，因变量和自变量之间存在着明显的线性趋势，说明模型的建立是合理的。

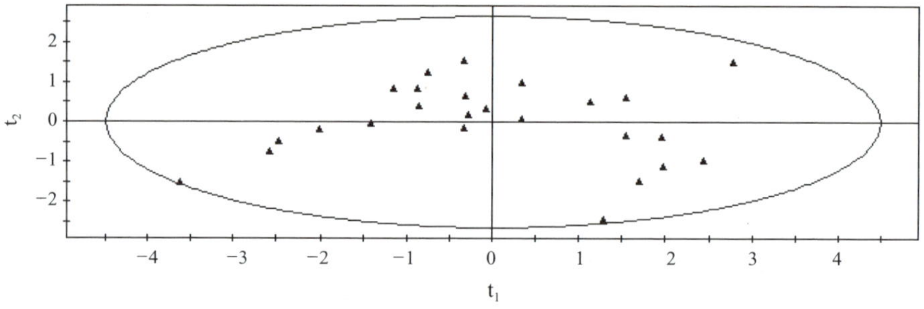

图7-17　丹麦模型T^2椭圆图

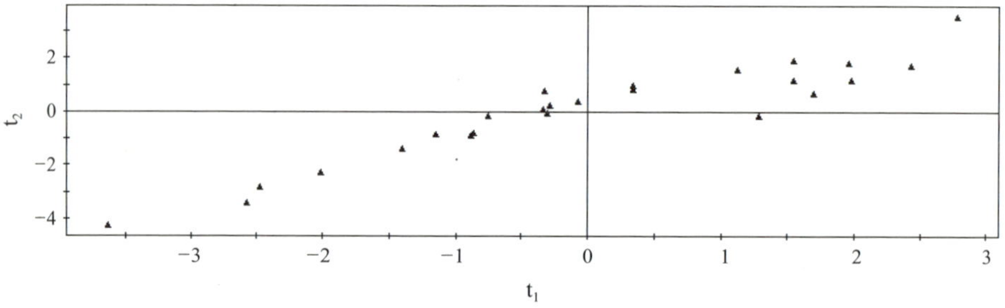

图7-18　丹麦模型t_1/u_1平面

所有的样本点在*X*空间与标准模型距离都小于Simca-p给出的临界值2.238，如图7-19所示，说明在对PLS参数拟合过程中，数据重构的质量很高。如图7-20所示，（*DModY,N*）$_{11}$=2.059 16、（*DModY,N*）$_{21}$=2.047 76。虽然个别样本点在*Y*上的标准化模型距离在数值上十分接近于临界值，但其他样本点在*Y*上的标准化模型距离都小于2，即小于F统计量的经验值，所以这里认为样本点的重构质量是基本均匀的。

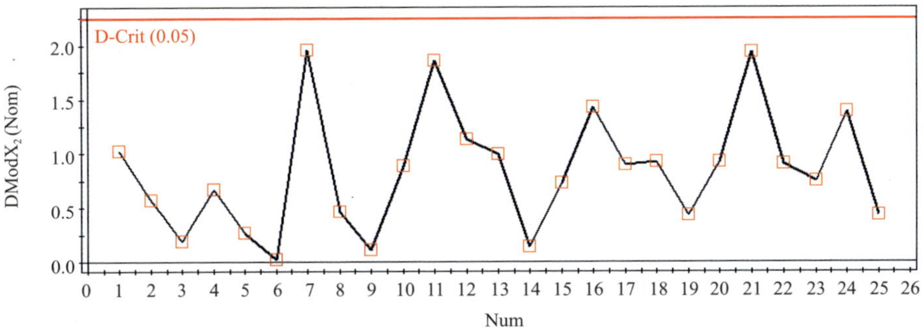

图7-19　丹麦样本点在*X*空间的模型距离

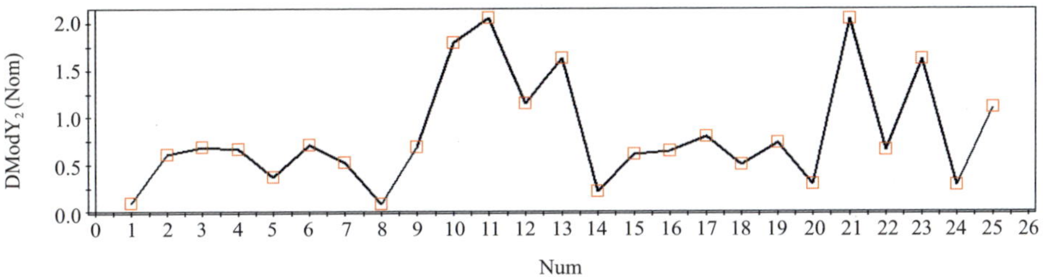

图7-20　丹麦样本点在*Y*空间的模型距离

变量对*Y*的解释力度均超过了0.8，说明PLS回归模型所选用的自变量是基本合理的。如图7-21所示，在VIP值的大小上，北极四国类似，能源消费量是造成环境压力最重要的驱动因素。在VIP图中对CO_2排放量影响重要性的因素依次是能源消费量、能源强度、人口以及人均财富。

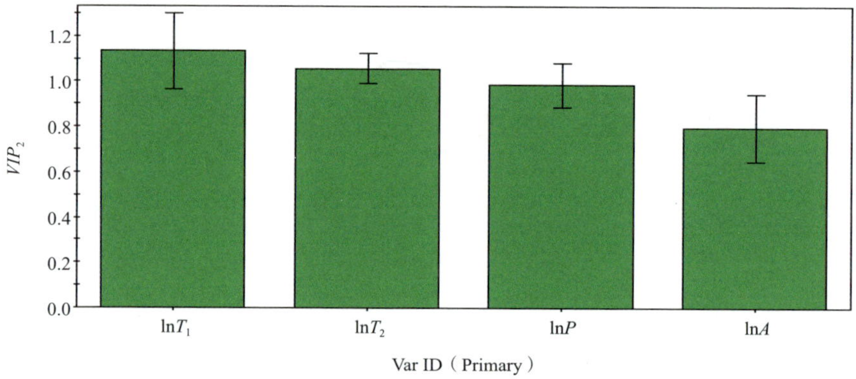

图7-21　丹麦的CO_2排放量的VIP图

7.3.4.2　结果分析

通过偏最小二乘法估计，确定了丹麦的STIRPAT模型为：

$$\ln I = 61.216\,2 - 0.251\,056\ln P - 0.034\,863\ln A + 0.586\,58\ln T_1 + 0.298\,38\ln T_2 \tag{7-9}$$

与其他国家的STIRPAT模型相比，丹麦每消耗1单位的能源所产生的CO_2数量是最少的。同时，人口和人均财富的增加将带来CO_2排放的负增长。这些都得益于丹麦的绿色发展模式。图7-22显示了丹麦的能源消费量和CO_2排放量的变化趋势，从1980年至2014年，在人均GDP增加63.48%的基础上，CO_2排放量减少44.52%，能源消费量减少17.28%；从1990年至2014年，人均GDP增加33.43%，CO_2排放量减少33.31%，能源消费量减少7.62%。丹麦通过提高能源效率减少能源消费总量，将节能义务由能源类企业扩展到所有企业，通过支持绿色技术的研发和示范等手段，减少CO_2排放量，实现了经济增长和碳排放的基本脱钩，同时也证明了人均GDP的增加和人民生活水平的提高并不一定需要消耗更多的能源，更不会以污染环境为代价。丹麦运行太阳能供热，预计每年能够减少10万吨CO_2排放，丹麦"零排放"的目标以及丹麦"绿色发展"的模式实现了人口、人均财富与CO_2排放的负相关关系。

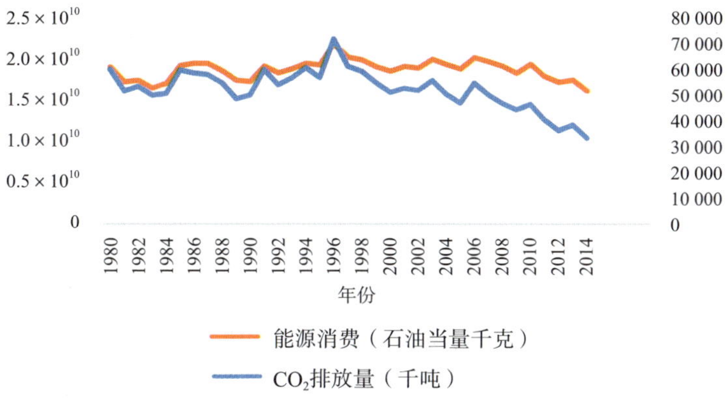

图7-22　丹麦的能源消费量和CO_2排放的变化趋势

7.4　各国比较分析

比较分析上述四个国家的STIRPAT模型，模型系数见表7-4，可知，北极四个国家和中国的能源消费量与能源强度指标对其二氧化碳的排放量均为正贡献。其中，俄罗斯这两项系数均为最大，表明俄罗斯的能源消费量和能源强度指标对CO_2排放量的影响非同小可；加拿大的能源消费量指标系数仅次于俄罗斯，但是其能源强度指标系数是几个国家中最小的，说明其能源消费量对CO_2排放量的影响较大；挪威各项参数的系数比较均衡，能源消费量比能源强度指标的影响大，这两项参数的系数在四国中排名倒数第二；丹麦也是一个环境污染相对较小的国家，其能源消费量指标对CO_2排放量的影响最小。将中国的模型系数与北极这四个国家比较分析，发现中国能源消费量指标的系数低于俄罗斯和加拿大，高于挪威和丹麦，说明中国能源消费对CO_2排放量的影响在一定程度上优于俄罗斯和加拿大，但是却落后于挪威和丹麦。

表7-4　各国STIRPAT模型系数

变量	俄罗斯	加拿大	挪威	丹麦	中国
$\ln P$	−0.121 004	−0.701 643	0.355 68	−0.251 056	0.078 602 5
$\ln A$	−0.052 98	0.865 197	0.233 085	−0.034 863	0.416 074
$\ln T_1$	1.313 5	0.939 27	0.593 996	0.586 58	0.743 338
$\ln T_2$	0.479 174	0.199 731	0.236 944	0.298 38	0.261 629
常数项	263.388	153.511	58.093 7	61.216 2	31.843 8

7.5 小结

本章主要分析了俄罗斯、加拿大、挪威和丹麦四个国家能源使用所造成的环境压力影响，并与中国做了比较分析。与能源生产率分析的结论相似，中国在综合技术和环境保护方面，仅次于挪威和丹麦；加拿大的能源强度指标系数是四个国家中最小的，只有0.2，说明其推行的严格的环境政策和提供控制海洋污染设备对于环境保护具有较高的成效；俄罗斯的能源消费量和能源强度指标对CO_2排放量的影响较大，系数分别为1.31和0.48，其在综合技术和环境保护方面较弱。

第8章　中国需求与北极油气开发战略路径

近年来，中国成为世界上最大的能源消费国，但油气资源产量不足。2017年石油对外依存度为67.4%，天然气进口渠道单一，过度依赖中亚国家。在中国经济高速发展的今天，有必要为拓宽油气进口渠道做好资源储备。北极地区油气资源丰富，中国高度重视北极事务的参与。本书考虑中国参与北极油气资源开发利用的背景，并基于《白皮书》的政策指导，通过对北极区域研究和北极国家分析，选取具备条件的北极国家，进行充分的资源、经济和环境分析，探索中国与北极各国适宜的合作路径，提出北极油气资源国际合作战略。

8.1　中国油气资源对外依存度及其贸易往来分析

本节分析中国油气资源的对外依存度以及贸易往来，确定中国油气进口来源，分析拓宽油气资源进口渠道的需求，判断中国与北极国家进行油气资源合作的必要性和可行性。

8.1.1　油气资源供需关系分析

据《BP世界能源统计年鉴2017》统计，2016年，中国仍然是世界上最大的能源消费国，占全球能源消费量的23%。中国和印度是需求增量的最主要来源国，分别为400千桶/日和330千桶/日。根据美国能源信息管理局（EIA）统计的中国历年石油产消量数据分析，中国石油生产量增长速度远不及消费量增长速度，自1993年起，中国石油产消差为负，生产量已经不能满足日益增长的消费需求，成为石油净进口国，之后石油进口量逐年递增，直至2016年超过6 500千桶/日，如图8-1所示。2016年，中国石油消费量比上年增长了2.7%，产量下降了7.2%，为历史最大降幅。

2016年，中国天然气产量比上年增加了4.8%，消费量增长了7.7%，是化石能源中消费量增长最快的。分析1990—2016年中国天然气产消量数据，如图8-2所示，可知，中国天然气生产量和消费量均不断增长，消费量较生产量增长速度快。2007年，天然气产消差为负值，生产量不能满足消费量，成为天然气净进口国。随之，产消差日益增长，进口量也不断增加。2016年，在全球日益扩大的液化天然气市场中，中国依然是主要需求增长来源。

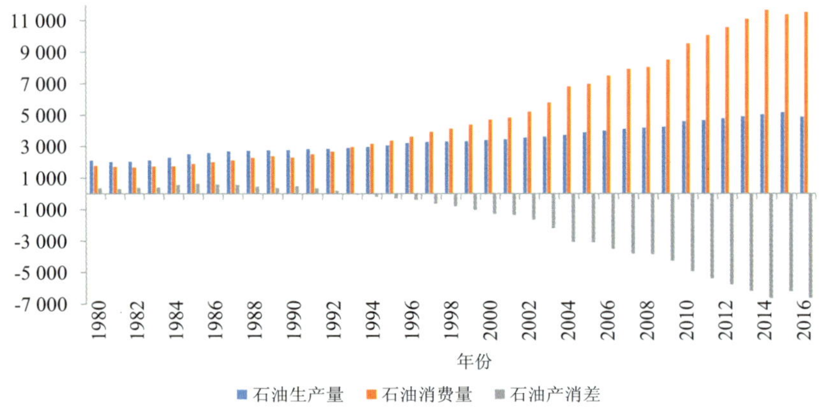

图8-1　中国石油产消量变化趋势（单位：千桶/日）

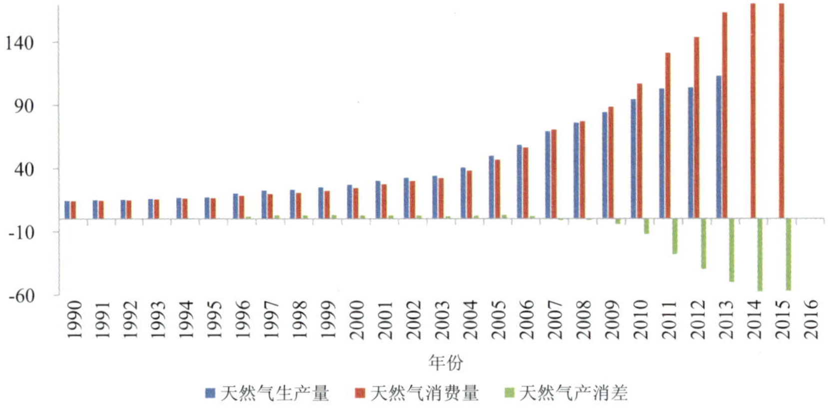

图8-2　中国石油产消量变化趋势（单位：十亿立方米）

8.1.2　中国油气资源进口来源分析

目前，中国最大的石油进口来源是中东地区，根据BP数据统计，2016年从伊拉克、科威特、沙特、阿联酋等中东地区进口的原油占我国原油进口总量的43.56%，从西非进口量占13.15%，从俄罗斯进口量占11.99%，从中南美洲进口占11.85%（图8-3）。从地缘政治风险来看，中东地区地缘政治局势长期动荡，对中国石油安全是一个极为不利的因素。其次，从中东进口的石油必须经过马六甲海峡，一旦该地区局势出现任何意外，这条石油生命线极有可能被切断。如何有效地分散原油进口风险已成为保障我国能源安全的关键。从地理距离来看，西非和中南美洲距离我国较远，而俄罗斯与我国毗邻，具备与我国进行石油贸易的地理优势。

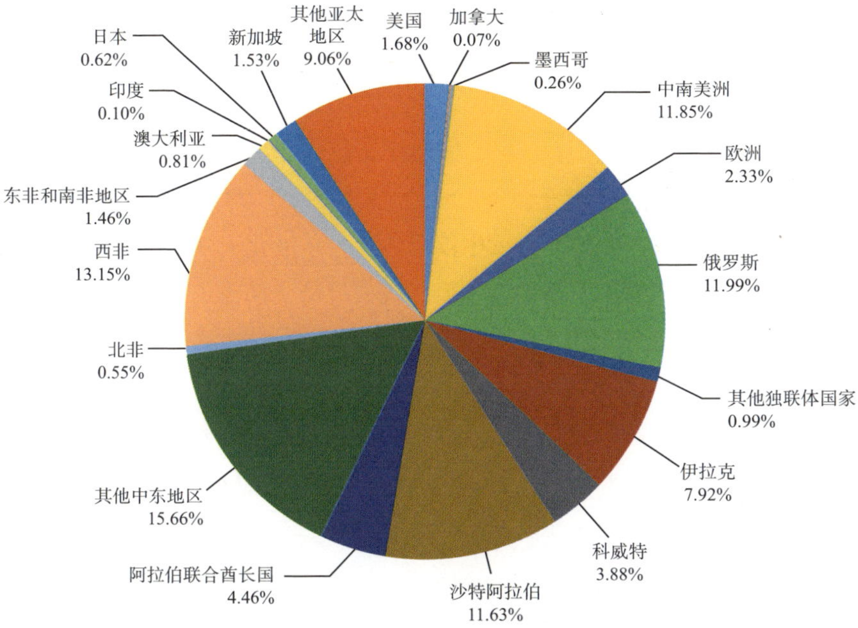

图8-3 中国石油进口国贸易量占比

2016年，我国液化天然气进口量排名前列的五大市场为澳大利亚、卡塔尔、印度尼西亚、马来西亚、巴布亚新几内亚[1]。目前，我国管道天然气进口主要集中于中亚，其中，土库曼斯坦是2016年中国最大的管道天然气来源，其次是乌兹别克斯坦和缅甸。

我国管道天然气过于依赖中亚气源，渠道单一，一旦中亚方面出现问题就会使我国陷于被动地位。因此，需加快管道建设，拓展俄罗斯、缅甸等市场，实现多元化供应。目前，中国天然气进口已经形成了横跨我国东北、西北、西南和东部海上的“东西南北”四个方向的“多元化”天然气进口通道雏形。其中西北通道、西南通道已经投入正常运营[2]。东北方向，即从俄罗斯进

1 http://www.ocn.com.cn/news/chanye/201706/mxkzp15112105.shtml

2 http://news.sina.com.cn/o/2018-03-06/doc-ifyrzinh4021492.shtml

口的天然气通道，分为中俄天然气东线（俄罗斯东西伯利亚至中国黑龙江的管道）和中俄天然气西线（西西伯利亚地区至中国新疆的管道）。东线管道已经开工建设，设计天然气输送量380亿立方米/年，预计将于2019年10月投产；西线还处在项目建设的前期认证阶段，设计输送量300亿立方米/年。西北方向，中亚天然气管道已经建成投产，输送能力达到550亿立方米/年。西南方向，即通过缅甸，从我国云南入境的中缅天然气管道，该管道的气源来自孟加拉湾海域天然气田，设计输送能力120亿立方米/年，已于2013年投产运营。东部海上方向，主要是以液化天然气形式（LNG）从卡塔尔、澳大利亚、印尼等全球天然气出口大国进口。2017年底，中俄合作亚马尔液化天然气项目第一条生产线投产，预计到2019年，亚马尔液化天然气项目将全部建成，该项目的三条生产线每年将向中国稳定供应400万吨液化天然气，为中国液化天然气的进口开拓了新渠道。未来，美国和加拿大也将成为我国液化天然气的出口方。2017年11月美国特朗普总统访华期间，中石油已经与美国最大的天然气生产出口商切尼尔公司签订了一份为期20年的液化天然气贸易框架协议。加拿大天然气及液化天然气生产出口设施尚在建设之中。

8.2 中国与北极国家油气资源国际合作的SWOT分析

SWOT分析法主要强调从结构分析入手，通过系统分析思维，把各种元素互相匹配起来，对目标的外部环境和内部资源进行分析。针对中国与北极国家油气资源合作的SWOT分析，必须根据油气资源合作的目标，梳理清楚内部的优劣势和外部的合适机会与潜在威胁，将元素一一列举出来。综合上述几章分析得出的结论，将北极五国的经济、技术、政治和环境等方面的情况作为中国的外部因素来考虑。

8.2.1 SWOT 分析

8.2.1.1 内部优势（Strengths）分析

1）国家发布北极政策高度重视参与北极事务

2018年1月发布的《白皮书》，为中国开发北极资源提供系统的国内政策保障，加强与北极国家间的相互了解和信任，为合作开采油气资源创造良好的政治环境。《白皮书》旨在向各方全面介绍中国参与北极事务的基本立场和政策主张，传递中国致力于与各方共同维护北极和平、稳定和可持续发展的意愿。在北极资源利用方面，提出“参与油气和矿产等非生物资源的开发利用，支持企业通过各种合作形式，在保护北极生态环境的前提下参与北极油气和矿产资源开发”。

2）“冰上丝绸之路”建设为与北极国家合作提供路径

中国发起共建“丝绸之路经济带”和“21世纪海上丝绸之路”（“一带一路”）的合作倡议，与各方共建“冰上丝绸之路”，为促进北极地区互联互通和经济社会可持续发展带来合作机遇与路径。因此，中国应当继续以亚马尔项目合作开发俄罗斯北极大陆架天然气为先例，积极寻求同俄罗斯等北极国家油气资源的各方面合作，继续深入参与到开发北极尤其是大陆架油气资源的活动中来。

3）中国国际影响力不断提升，北极事务参与度日益提高

近年，美国盖洛普公司和俄罗斯社会舆论基金会等多家知名智库数据显示，中国在全球领导力和影响力、经济发展潜力、政府和媒体公信力等方面的“得分”持续上涨，国际形象更加积极、正面。中国加入北极理事会成为正式观察员国，能够充分参与区域事务协商，国际合作不断加强。

4）北极科研能力加强，相关技术逐渐提高

中国持续推进北极科学考察，不断加大科研投入。同时，对海洋石油资源的综合开发技术也逐渐成熟与提高，与许多国家有着战略合作，在海洋石油资源勘探、溢油污染防治等方面有着丰富的经验和雄厚的实力。

8.2.1.2 内部劣势（Weaknesses）分析

1）缺乏有力的地理区位条件

在地理位置上，我国不属于北极国家，只能算作“近北极国家”。虽然是陆上最接近北极圈的国家之一，但对北极自然状况及其变化远没有北极国家熟悉，对于北极气候系统和生态环境的了解也相对薄弱。

2）我国油气资源对外依存度较高

自1993年起，中国石油产消差就为负，生产量已经不能满足日益增长的消费需求，成为石油净进口国，2017年对外依存度达到67.4%。自2007年开始，天然气生产量就已经不能满足消费量，成为天然气净进口国。

3）油气资源进口来源单一

目前中国最大的石油进口来源主要分布在中东地区，2016年从中东地区进口的原油占我国原油进口总量的43.56%，全部通过海上运抵我国，其中80%要经过马六甲海峡，能源运输通道受到国际恐怖主义、海盗活动猖獗及美日制海权的多重制约。我国管道天然气过于依赖中亚气源，渠道单一，一旦中亚方面出现问题就会使我国陷于被动地位，对我国能源安全构成严重威胁。

4）在高寒冰区极端环境下作业经验和技术相对薄弱

中国石油天然气企业缺乏在高寒地区开展地质勘探和油气开发的成熟经验，例如北冰洋的浮冰很多，既需要考虑到浮冰影响，又需要解决寒冷冰冻的问题，海上勘探需要破冰装置和海上钻探平台，但目前我国的破冰装备并不先进。中国进入北极进行油气资源勘探开发只是从近几年开始，无论是技术还是经验都不及北极国家。

8.2.1.3 外部机会（Opportunities）分析

1）北极地区油气资源具备较大潜力和贸易空间

北极地区海底蕴藏着约占世界储量四分之一的石油和天然气资源，被认为是世界上油气资源开发潜力最大的地区。仅俄罗斯和美国（阿拉斯加）两地区合计探明原油储量就占北极地区原油探明储量的94.63%。而天然气更是为俄罗斯所独有，其天然气储量占北极地区已探明天然气储量的94.76%。从贸易角度来看，北极国家石油、天然气产消差为正值，且均具备一定的出口量，存在贸易出口空间。

具体到每个国家来讲，根据第3章、第4章内容，无论从资源潜力、出口量和地理距离来看，俄罗斯油气资源占北极国家大部分，地理上又与我国毗邻，都具备相当的贸易优势；加拿大和美国（阿拉斯加）属于北极北美板块，资源潜力仅次于俄罗斯，但地理距离上较远；挪威和丹麦属于北欧国家，虽然具备一定的资源潜力和出口需求，但地理方位上并不占优势。

2）北极国家经济发展对油气资源开发利用与对外合作的依存度较高

根据第5章内容，北极各国经济发展对油气资源的开发利用和消费均存在一定的依赖性，这种依赖性包括对国外资金注入、寻求多元化出口空间等各方面的需求。

俄罗斯近年受制于美国的经济制裁，与西方国家关系恶化，与西方公司共同开发北极的合作遇冷。同时受金融危机和经济制裁的影响，俄罗斯的经济状况持续低迷，近些年来，俄罗斯在北极开发的过程中也受到了更多阻碍。因此，其在各方面都亟须拓宽油气国际合作渠道，加快经济发展。加拿大石油天然气资源的对外贸易对美国有极其强烈的依赖，但随着美国页岩气的生产，加拿大天然气产业的竞争不再具有优势，呈现步步败退的趋势。因此，油气资源出口的贸易需求迫使其需要寻找多元化出口渠道，以中国为代表的亚洲是其亟须争取的市场。从油气资源贸易角度来讲，中加合作的空间和潜力都是比较可观的。挪威经济增长对能源消费的依赖性较强，对外依存度也较高。丹麦的依赖程度相对较小。

3）部分北极国家油气勘探开发技术水平领先

基于北极各国的能源生产率分析发现，挪威和丹麦能源生产率较高，属于能源高效区。在油气资源勘探开发的技术水平方面占据领先优势，尤其是挪威，在高寒深水环境下开展高投入高风险油气资源勘探开发方面具备技术的优势和丰富的经验，处于全球领先水平。因此，挪威与丹麦在生产作业等技术水平方面具备优势，在技术空间方面具备创造多种国际合作的可能性。

4）北极航道的开通

随着通航条件的日益成熟，包含东北航道和西北航道在内的北极航道成为连接太平洋和大西洋的最短航道，也将是未来的能源通道。尤其是大部分在俄罗斯境内的东北航道，是北欧、东欧及西欧地区连接东亚的最短航线。我国是近北极国家，北极航道的开通将为我国带来极大便利性，可以大大缩短各地区之间的航程距离；距离优势可以减少航行时间，进而减少船舶燃油费、船员工资等费用，使运输成本降低；相比于传统航道，北极航道受海盗和海上恐怖主义威胁较小，安全系数相对较高。

8.2.1.4　外部威胁（Threats）分析

1）油气资源开发对北极生态环境造成威胁

北冰洋油气活动面临的环境问题主要有温室气体排放、防范和处置原油泄露与环境污染意外事故等。北极国家环保意识逐渐加强，势必会影响北极油气开发进程。加拿大北极政策提倡保护北极环境，并与美国达成有关北极的联合声明禁止北极近海的油气活动，预计2020年前不会恢复北极水域的石油勘探。

2）中国与北极国家在互联互通基础设施建设方面相对薄弱

虽然中国与北极国家油气资源贸易前景广阔，且中国“一带一路”框架下的互联互通工作正在进行，但在“冰上丝绸之路”基础设施建设方面相对薄弱。例如，中俄虽在地理上接壤，但在天然气管道互通上仍是空白；中加之间不仅没有天然气管道互通，油气贸易往来也寥寥无几；与其他北极国家的基础设施建设方面几乎空白，这在一定程度上阻碍了中国与北极各国石油天然气方面的贸易往来。

3）北极主权争议尚未解决

北极地区主要国家存在一定领域的争议和分歧，也在一定程度上影响到争议地区的油气开发。联合国海洋法赋予环北极国家享有200海里专属经济区的管辖权（根据大陆架延伸原则最多不超过350海里），目前各国在国际事务的认知上存在差异，北极部分国家在大陆架划界方面存有北极领土主权争议。若争议不能得到及早解决，势必会对争议区域的油气勘探开发活动产生不利影响。

4）北极国家对“中国威胁论”的担忧

近年，中国在经济、政治和军事等方面的快速发展引起西方国家“中国威胁论”的担忧，影响到北极国家对中国参与北极事务的判断，也引起其他非北极国家积极关注北极事务，与中国展开竞争。

8.2.2 中国与北极国家油气资源国际合作的战略路径

根据SWOT分析结果，采用系统科学的思维，将各种因素互相匹配，组合成为优势–机会（SO）、优势–威胁（ST）、劣势–机会（WO）、劣势–威胁（WT）四个战略路径，对中国参与北极油气资源国际合作的综合情况进行全面客观的评价，分析并探索相应的路径方案，如表8–1所示。

表8-1　中国北极油气合作的SWOT战略分析矩阵

内部环境 / 外部环境	优势（S）	劣势（W）
	1.《白皮书》政策优势； 2.冰上丝绸之路提供路径； 3.中国国际影响力和北极事务参与度日益提升； 4.科研技术提高	1.地理区位条件； 2.油气对外依存度较高； 3.油气资源进口来源单一； 4.缺乏极端环境作业技术和经验
机会（O）	增长型战略（SO）	开拓型战略（WO）
1.北极较大资源潜力和贸易空间； 2.北极国家对外合作的依存度较高； 3.北极国家开发技术水平领先； 4.北极航道的开通	中国与俄罗斯 1.中俄战略合作进入新阶段； 2.开启亚马尔项目的成功模式； 3.中俄经济具有极强的互补性	中国与挪威、丹麦 1.具备技术互补的重要条件； 2.合作开发北极油气资源，解决技术和经验缺乏的难题
威胁（T）	多元型战略（ST）	长远型战略（WT）
1.油气资源开发对北极生态环境造成威胁； 2.中国与北极国家在互联互通基础设施建设方面相对薄弱； 3.北极主权争议尚未解决； 4.北极国家“中国威胁论”的担忧	中国与加拿大 1.加强油气进出口贸易合作； 2.专业知识和技术工艺方面合作； 3.油气管道相关基础设施方面经验借鉴	中国与美国（阿拉斯加） 1.提升中国北极油气资源开发能力； 2.美国（阿拉斯加）液化天然气对中国出口带来就业和经济增长； 3.中美合作共同减少二氧化碳排放

8.2.2.1　增长型战略（SO）

SO是增长型战略，强调发挥自身优势来把握外部机会，是最理想的情况。增长型战略选择中，俄罗斯应该是首选。考虑到中国《白皮书》政策保障和“冰上丝绸之路”的路径优势，以及俄罗斯经济对油气资源的较高依存度、油气资源较高的对外合作依存度，分析这样的优势机会组合，可以提高中俄合作的竞争力。

中俄开展油气资源合作具有三方面的SO优势机会组合。第一是俄罗斯与中国毗邻，地理优势不言而喻，在“一带一路”倡议背景下，“21世纪海上丝绸之路”框架也为两国的合作提供更坚实的平台。第二是中俄战略合作历经近70个春秋已经进入了新的发展阶段，两国是“全面战略协作伙伴关系”，北极能源合作对于两国都是互惠互利的。俄罗斯可以通过这次合作脱离美欧制裁的窘迫，中国也可以通过从俄罗斯进口石油和天然气实现自身的经济持续发展，解决环境生态问题。第三是中俄经济具有极强的互补性，俄油气开发亟须中国资金注入，促使油气合作成为两国合作开发的引擎，使中俄两国在北极能源开发合作方面空间广阔。中国是北极理事会的观察员，拥有相应的资源、技术和科研潜力，应该是俄罗斯在北极事务中的优先合作伙伴，可满足其寻求更多外部资金，增加投资多元化，拉动内需刺激经济增长的需求。

中俄的油气资源开发合作，一方面从含油气盆地资源潜力和油气商业价值入手，优选西西伯利亚盆地北部的南喀拉海–亚马尔盆地和蒂曼–伯朝拉盆地，参与俄罗斯北极地区尤其大陆架等海域未来重点的能源开发区域，与俄方共同推进油气资源经济增长点。另一方面鼓励中国企业以亚马尔项目的成功模式为基础，通过投资等方式参与俄罗斯油气开发，在中国能源企业同俄罗斯的油气投资取得实质性进展的基础上，建立合资企业，使中俄两国在合作效率上取得有效进步。此外，从贸易角度考虑，中俄需要加强共同建设天然气管道来拓展管道天然气贸易，同时，也需加强两国在液化天然气方面的贸易往来。

8.2.2.2 开拓型战略（WO）

WO是开拓型战略，强调利用外部机会来弥补自身劣势。作为非北极国家，对北极区域及其油气资源的广泛认知并不突出，相关技术和经验也不足。面对这些劣势，需要寻求外部机会弥补自身缺陷。挪威和丹麦正具备这方面的重要条件，若与这两个国家进行国际合作进而参与到北极油气勘探开发工作中，技术和经验就不是难题。

北欧国家对中国等域外国家参与北极事务的态度更加开放，所以中国与这些国家的北极交流起步早、障碍少、进展快，很有希望形成互重、互信、互动、互利的伙伴关系。挪威是最早颁布北极战略的北极国家，在北极开发过程中也极具影响力和话语权。挪威积极把握北极事务变化所带来的经济价值和国际政治影响力，对北极区域合作机制的建立起到了至关重要的作用。同时挪威在北极事务的处理过程中，以强化北极科研为基础，以发展尖端技术为依托，以推动北极多边合作为助手。相比于其他北极大国，挪威国土面积较小，对外部环境的变化也更为敏感，但挪威同样怀揣成为“北极事务大国”的政治报复。以上事实为中国与北极国家合作参与北极开发提供了条件。

挪威的石油天然气工业在世界能源行业中占有重要地位，其石油和天然气产业也拥有世界领先的安全和环保标准。北海地区是西欧最大规模产油区中最为成熟的一块区域，而2017年北海地区的石油开采活跃程度已经降至11年以来的最低点，多家石油公司近来已经将勘探重点放在了巴伦支海挪威离岸前沿地区。由于受到近期发现新的大型油田以及蕴含丰富的潜在开采资源因素的影响，多家石油企业近年在挪威巴伦支海地区启动了历史空前的石油勘探开采活动，但即使是那些被认为最有希望的采油区都没有出产一滴原油。鉴于上述情况，挪威石油行业可能会在北海地区现有油气开采基础设施停用之前，增加新的开采资源，巴伦支海地区的油气勘探开采活动将帮助明确未来到底蕴含多少机遇。分析挪威政府的权益和管理架构，回顾其石油工业的发展，挪威国会和政府石油工业的成功经验值得学习和借鉴。在勘探活动开始前，与邻国协商确定海域划分，立法规定国家的石油权益，设立投资于境外的石油基金，以避免经济过热。

中方与挪威石油天然气方面的合作与贸易，可以从以下几个方面考虑。首先，早日重启双边自贸协定谈判，恢复双边经贸联委会机制，鼓励双向投资。从油气资源贸易方面挖掘合作潜力，深化在管道天然气、液化天然气以及海洋工业、船舶制造、油气开发、极地事务等各领域的务实合作，充分释放多年积累的合作潜能。其次，从寻找新的油气开采资源上着手，可以与挪威合作，从巴伦支海区域进行油气资源勘探，探索该地区和挪威大陆架油气资源储量和可采程度。最后，结合中国国情，辩证地学习挪威石油资源的高效开发利用模式、政府权益和管理架构以及财富管理流程等方面的成功经验。另外，在推动中挪关系持续健康稳定发展的同时，结合中国的战略政策，考虑“一带一路”政策与挪威石油天然气资源政策上的对接。

丹麦也是北极地区天然气资源出口国，2016年天然气出口量为22亿立方米，但未有油气资源出口至中国。丹麦需要石油和天然气的收入来资助其绿色转型，并实现到2050年停止使用化石燃料的承诺，这意味着其仍需要保持北海地区油田生产，确保油气业务收入投注在可再生能源上。因此，中国与丹麦的合作可以从可再生能源、发达的海运行业和环保领域考虑。

丹麦40年前的传统能源结构与我国基本相似，都是以煤炭和油气等化石能源为主。如何减少对于传统能源的依赖，实现能源消费结构的转变，也是中国在建设过程中所面临的挑战。丹麦寻找解决能源问题的根本出路是坚持“节流”与“开源”并举的基本理念，其政策导向、法律体系以及创新技术对于我国的社会建设有着不可忽视的借鉴意义。将丹麦节能减排的措施方式和最佳实践在中国加以合理利用，将有助于我们加快建设一个生态文明的节约型社会，并最终建成人与自然和社会共同和谐发展的“美丽中国”，有助于践行习近平主席所提出的“绿水青山就是金山银山”的理论。丹麦与中国已通过双边投资协议等方式建立了完善的合作机制和良好的投资法律体系，对丹麦能源领域的投资可享受丹麦国民待遇，为中国与丹麦的合作提供了良好的机遇。

8.2.2.3 多元型战略（ST）

ST是多元型战略，即要利用自身优势回避或者减少外部威胁的冲击。中国在充分认识自身优势的同时，需要加大成果应用的范围，拓展应用渠道与北极国家的多领域合作，推进互利共赢的合作模式。在这方面，与加拿大合作是不错的选择。

加拿大石油、天然气资源出口的重要目的地一直是美国，油气对外贸易对美国具有强烈的依赖性。但自美国因页岩气的发展实现国内能源生产增长后[1]，加拿大油气产业优势不再、步步败退，因此，加拿大天然气行业要想走出绝境，除保住传统天然气市场直面美国同行的激烈竞争外，必须积极寻找油气资源的多元化出口渠道，并拓展新的天然气客户。亚太地区尤其是以中国为代表的亚洲国家是其亟须争取的市场。从油气资源贸易角度来讲，中加合作的空间和潜力都是比较可观的。加拿大一直将北极理事会作为实现北极国家利益的最重要的外交平台，为了重新树立在北极理事会中的主导地位，在与域外国家合作上，加拿大采取了更为务实和灵活的态度。2013年同意了中国等六个国家为北极理事会正式观察员国。在未来北极理事会改革中，中国可以同加拿大加强合作，提高在北极事务中的话语权。

因此，中国加强与加拿大的油气资源合作，可以从以下三个方面着重考虑。首先，加强油气进出口贸易方面的合作。加拿大政府和能源行业一直致力于与中国的合作，通过高效率、低成本、重环保的方式满足中国的能源需求。其次，在加拿大石油和天然气领域丰富的专业知识和技术工艺方面，加强合作。加拿大国际开发署（CIDA）还通过一系列石油天然气技术转让计划支持

1 http://gas.in-en.com/html/gas-2308762.shtml

中国的能源工业。加拿大在该工业领域不断产生重要技术及工艺创新，石油天然气设备产业也能够为勘探和开发提供各种机械与设备；在设备生产及营销方面可靠与优质的服务也是值得学习的，如地球物理学方面的评估、油井消防、安全培训、抗震研究及包工钻井等方面。最后，还可借鉴加拿大具备良好运营条件的复杂的油气管道等相关基础设施方面的成功经验。

8.2.2.4 长远型战略（WT）

WT原意是防御型战略，这里作为长远型战略进行分析，是弥补内部劣势并规避外部威胁的收缩性举措，是应对最不利状况时考虑的战略选择。中国在参与北极事务尤其是油气资源开发利用上，要把握“度”，积极表明态度获取信任，避免国际舆论的不利关注。另外，中国作为多个北极主要国家的重要国际合作伙伴和战略伙伴，具备绝对地位和实力来协调北极大国关系的正常发展，为区域内的和平稳定贡献力量。以《白皮书》的政策为纲领，明确参与北极油气资源开发的基本原则，消除他国疑虑，合法、公开地参与北极事务协调和合作工作。这方面的合作准备，可以考虑美国（阿拉斯加），以国际合作方式参与到北极油气开发中，既可为世界能源勘探开发事业做出贡献，又有利于提升自身的油气资源开发能力。

中国已连续多年是阿拉斯加第一大国际贸易伙伴，也是其矿产品的最大海外市场。如果阿拉斯加能实现液化天然气对中国出口，将带来持续的就业和稳定的经济增长，也将帮助中美合作减少二氧化碳排放，共同应对全球气候变化的严峻挑战，这对双方来说是“完美的结合”及“无与伦比的合作机遇”。2017年11月，阿拉斯加州政府、阿拉斯加天然气开发公司（AGDC）和中石化、中投公司、中国银行三家中方公司签署合作开发天然气项目的协议[1]，将在阿拉斯加共同开展LNG项目，使中国和美国的能源合作迈出了重要一步。中国需要以此为契机，加强与阿拉斯加州在管道天然气和石油方面的进一步合作。

在北极航道的法律地位上，中美两国有着类似的立场。全球航行自由是美国海洋权力的根基，任何限制或者剥夺这种自由的行为都会被视为对美国安全的损害。美国《阿拉斯加电讯新闻》刊发题为《加强美中北极合作》的评论

1 http://chem.vogel.com.cn/html/2017/11/10/news_511972.html

表示，在北欧和加拿大都与中国在北极地区开展合作的情况下，美国应抓住作为北极理事会轮值主席国的机会，扩大与中国在这方面的合作，美国已就扩大出口天然气与中方达成协议。阿拉斯加州地处美国西北部太平洋沿岸，油气资源十分丰富，但目前由于国际油价低迷，阿拉斯加州目前财政状况不佳，州政府正在全力推动一条1300多千米、贯穿南北的输气管道及天然气液化处理厂的修建，从而实现向亚洲市场年出口2千万吨液化天然气的目标[1]。

另外，中国也要加强与北极原住民等北极组织的合作。尊重他们的传统和文化，重视他们的需求，在北极环境保护和资源开发利用上，获得他们的支持。通过与北极合作伙伴在政策、科研和经济方面的合作，中国已日益成为北极利益相关者。参加北极理事会的工作，与北极伙伴国建立学术合作、商业合作都是取得进展的最佳途径。

随着液化天然气贸易重要性的提高，全球天然气市场很可能出现实质性的变化。欧洲对于进口天然气的需求巨大且日益增长，地处几大液化天然气供应国相对中心的位置，一直被视为液化天然气的自然增长市场。但是，欧洲过度依赖管道天然气供应的担忧一直存在，倘若欧盟具有必要时可转而使用液化天然气的选择能力，那么中国要提前做好液化天然气的进口多元化准备，以免北极液化天然气资源出口国为抢占欧洲市场而忽略与中国的合作。

8.3 中国参与北极地区油气资源开发利用的其他路径

北极地区的油气资源，还有部分位于各国专属经济区以外（北冰洋地区）盆地中的资源。对于这些资源的开发目前尚无专门的法律、法规及政策可以遵循。但根据UNCLOS规定，北极地区200海里以外大陆架的油气资源属于全人类共有资源。而目前北极地区所面临的现实情况，对于北极地区现有主权之外的任何资源的利用，都将不可避免地涉及周边主权国家的利益，包括领土主权、海洋管辖权、自然资源开发等权利。任何主权国家都会千方百计地将北极地区包括油气资源在内的各种资源作为国家的法律、法规和政策纳入本国范围之内，坚决捍卫本国在北极地区的利益。

1 http://www.xinhuanet.com/world/2017-09/23/c_1121712806.htm

8.3.1　中国参与北极国际海底油气资源利用方式

面对北极国际海底资源的开发，中国可以考虑从三方面着手，保障全人类的共同利益和中国的国家利益。

首先，在遵守UNCLOS前提下，为了全人类的目的进行开发和利用，强调国际海底区域内的油气资源属于全人类，着眼于为了全人类的共同利益，而不是为了某一个国家或者某几个国家的利益，实现对北极国际海底区域内油气资源的共同开发。提倡油气资源开发应当符合生态环保和可持续发展的理念，遵循资源共享、互惠互利、共同繁荣的现代理念。其次，加强同国际海底管理局的合作，例如同国际海底管理局企业部组成联合企业以从事“区域”的勘探和开发活动。最后，在时机成熟时，可积极向国际海底管理局申请在北冰洋国际海底区域矿产资源的专属勘探权和优先开采权，取得资源开发的有利先机。

8.3.2　北极国际海底油气资源全人类共有的法律基础

北极地区位于大陆架的矿产与能源资源的勘探开发不容忽视，北极大陆架是海底资源储量最为可观的部分。目前，北极地区200海里以外大陆架界限的划分存在很大争议。UNCLOS第76条规定了大陆架的定义，其中第4至第6条确定了外大陆架边界划分的方法，但是涉及的外大陆架范围的依据或参数很难确定，如海平面的变化导致2500米等深线不容易确定，海床轮廓和坡度会随着时间推移而变动等，加剧了外大陆架划界的难度。俄罗斯、挪威、冰岛、丹麦等国家先后向大陆架界限委员会正式提出划定北极海域外大陆架的申请，维护自身在北冰洋海域的最大利益。因此，短时间内北极海域外大陆架划界问题很难完全解决。

8.4　中国参与北极油气资源开发利用的技术创新方向

科学研究是认知、利用和保护北极的基础，技术装备更是北极油气资源开发利用的重要保障。域外国家在北极事务上的发言权和影响力，在很大程度上取决于该国以科研为主的北极知识储备的获取能力和转化能力，这种知识储备应该包括自然科学和社会科学两个重要方面。因此，中国在这两个方面都必须进一步加强。一方面，通过自然科学研究，针对北极冰盖下资源的储藏情况进行细致的考察，包括对北极海域油气的储藏位置、储藏量和地质环境等考察，为中国利用和开发这些北极资源提供详细的参考。另一方面，中国需要加强对北极地区政治、经济、法律、国际关系、社会和文化的研究，为中国在北极事务中的地位、身份、作用和与北极国家间关系做好软科学支撑。

针对北极极端环境下油气资源的勘探开发和脆弱的生态环境，亟须发展注重生态环境保护的极地技术装备，积极参与北极开发的基础设施建设，推动深海远洋考察、冰区勘探、大气和生物观测等领域的装备升级，促进在北极海域石油与天然气钻采、可再生能源开发以及新型破冰船舶建造等方面的技术创新。中国企业也可以在地质研究、设备制造、海运物流等方面发挥优势，并将极地勘探、开发和建设的技术应用到北极油气资源开发项目中，解决资源开发、运输中可能遇到的诸多问题，为将来在北极油气资源开发的竞争中脱颖而出储备力量。

基于前述对北极国家油气资源方面的科技、经济和环境情况分析，总结加强科研能力和技术装备等方面的研究结果，针对北极特殊的敏感的自然和社会环境，提出以下科技创新重要方向。

8.4.1 注重环境保护约束下北极资源开发模式的发展

北极生态是地球上最为脆弱的、也是最为敏感的，北极油气资源开发面临着严峻的环境保护挑战，各国在争夺北极资源的同时，也必须要承担相应的义务。20世纪40年代美国在阿拉斯加北坡开始广泛的石油探测活动，当年拖拉机留下的破坏痕迹至今仍未复原，甚至永远不会复原。环保组织认为，石油已成为破坏北极环境的祸首。虽然这种因油气资源开发而产生的环境担忧至今仍未消散，但北极油气矿产等资源对北极国家、包括中国在内的近北极国家以及其他北极域外国家都具有相当的吸引力。因此，探索一套适用于北极地区环境保护约束条件下的资源开发模式尤为重要，不仅能够在保护北极生态环境和资源开发利用二者间找到平衡点，而且能够实现北极石油资源的可持续开发。中国若能率先在这方面有所突破，势必为全人类在北极气候变化和生态保护方面做出贡献，也将在下一轮北极资源开发利用中取得竞争优势。

8.4.2 提高温室气体的资源化利用

北极是环境变化的敏感区，是温室气体和大气污染物质的重要源汇区，对全球气候、环境变化的影响和反馈相当敏感。无论是在北极地区勘探开发石油天然气，还是国民经济生产过程中的油气资源消费，均不可避免地会产生二氧化碳等主要温室气体。面对由于碳排放导致的空气污染和温室效应等巨大压力，中国作为一个负责任大国，作为北极环境保护的倡导者，应该积极采取有效措施，控制CO_2排放。

在北极地区勘探开发利用石油、天然气，实行CO_2高效利用与地质埋存相结合的思路是温室气体资源化利用的有效手段，也是缓解环境污染压力、提高石油采收率的有效途径。早在1996年，挪威Statoil石油公司将天然气开采过程中产生的CO_2经提纯后注入挪威北海海域中部深约900 m处的砂岩咸水含水层之中，这是世界上首次开展的工业规模地质储存CO_2的工程（沈平平，2006）。CO_2等温室气体的资源化利用技术涉及环境科学、地质学、地球物理和地球化学、石油开采、油藏工程、化石燃料燃烧等学科领域，是多学科交叉的新研究和发展方向。中国在此领域的相关研究工作，需要紧跟国际前沿，抓住有利时机，尽快开展有关的应用基础和技术研究，早日跻身于世界前沿，为迎接北极资源的开发储备优势技术。

8.4.3　加强北极航道研究，为油气资源开发利用开辟新航路

随着北极油气资源的开发利用，北极航道逐渐成为石油天然气依托的运输通道，其地位和作用相当于“马六甲海峡”。不仅北极油气资源的航运，北极的海外资源和市场以及绝大多数北极海上活动，都需要通过北极航道，因此，北极航道的重要性对于中国这样的近北极国家来说不言而喻。中国应该依据UNCLOS，积极地参与北极航道治理法律体系构建，参与北极航道地缘政治国际协调机制的制定，努力构建中国北极航道地缘政治理论体系，制定北极航线地缘政治问题危机处置预案，积极推进国际社会建立北极航道开发与和平利用的框架和机制，确保北极及北极航道开发的开放性和公平性，使北极地区及北极航道造福于整个人类而不是个别国家或个别行为体。在整个北极航道利用与治理的过程中，发出中国的声音，争取对中国最有利的结果。

8.4.4　加强风险分析与预警技术研究

在北极地区进行油气资源开发比在一般陆地或陆架海域存在的风险要大得多。中国参与北极地区的油气资源开发利用，必须进行全面的风险识别、分

析和预警。北极油气资源开发风险存在于北极油气资源的勘探、开发、生产、运输、销售和消费的全过程。本书简单总结风险源如下：一是考虑基于北极特殊的地理位置和背景，需要面对的国际环境和政策法律背景；二是资源保障方面，包括资源量、剩余可采储量等；三是地质风险，它是影响油气资源勘探成功与否的重要风险因素，包括烃源岩风险、储层风险、保存风险、圈闭风险和配套风险等；四是技术风险，主要是从技术设计、施工、操作等方面给油气资源勘探项目带来损失的风险；五是生产方面，如生产能力和产量等；六是运输方面，如海上运输量比重、运输距离、运输能力和运输量等；七是销售方面，如销售量、价格波动等。我国需要依据上述风险来源分析风险类型、产生原因和预警机理等，进行持续地鉴别、归类、整理和评估，加强风险分析和预警技术的研究，制订相应的风险管理计划和方案，并付诸实施，以最大限度地减少风险。

8.5 小结

本章主要从中国油气资源的对外依存度和多元化进口需求出发，结合前几章分析结果，对中国与北极国家油气资源国际合作进行了SWOT分析。初步建议中国与俄罗斯国际合作为SO战略，与挪威和丹麦国际合作为WO战略，与加拿大国际合作为ST战略以及与美国（阿拉斯加）国际合作为WT战略。并在此基础上，探讨了北极国际海底区域资源的中国参与方式，提出了中国参与北极自然资源开发需要提升的技术创新方向。

第9章　结　论

基于中国参与北极资源开发利用的需求现状，结合中国北极政策的纲领性指导，针对北极地区丰富的油气资源和北极国家经济、政治和环境保护等方面的综合情况，开展了中国参与北极资源开发利用战略研究。

（1）全面分析了北极油气资源潜力及其争议问题。北极油气资源潜力方面，西西伯利亚盆地、阿拉斯加北坡盆地和东巴伦支海盆地是排名前三的含油气盆地，油气资源量分别为1325.7亿桶、727.7亿桶和617.6亿桶油当量。油气资源潜力较高的国家是俄罗斯和美国（阿拉斯加），占北极地区油气资源量比例分别为41%和28%。根据油气资源分布和大陆架划界争议，将中国参与北极油气资源开发利用的方式分为两大类：一是属于国际海底区域的油气资源需要按照UNCLOS遵循全人类共同开发的原则，通过国际法研究来探索参与路径；二是靠近北极五国浅海陆架区域的油气资源利用，需要通过国际合作参与开发。

（2）分析了北极国家油气资源需求趋势与对外贸易空间。俄罗斯石油产消差占生产量比重呈现增长趋势，2015年达67.78%，加拿大达46.70%。俄罗斯和加拿大天然气生产量占据绝对优势，几乎每年都占北极地区总产量的85%以上。俄罗斯出口中国的石油仅占其出口总量的12.9%，俄罗斯和挪威出口至中国的天然气只有0.3十亿立方米。北极五国油气资源对中国的出口空间依次为俄罗斯、加拿大、美国（阿拉斯加）和挪威。

（3）采用能源生产率指标和协整模型研究了油气资源对北极国家的经济贡献。挪威和丹麦这方面最为先进，加拿大的各项技术也比较先进，俄罗斯排名最后。经济增长对油气资源依赖较高的依次是挪威、加拿大和俄罗斯，协整系数分别为1.63、1.48和1.40，这与各国家经济发展情况基本相符。

（4）利用协整模型开展油气资源开发利用对北极环境污染的研究。丹麦提倡绿色能源，实现了经济增长与碳排放的基本脱钩，环境保护方面最占优势；加拿大与挪威情况一致，油气资源消费量对CO_2排放量是负影响，系数分别为−0.29和−0.86，表明其严格的环境政策对CO_2排放量有较强的抑制作用；俄罗斯经济增长对温室气体排放量有促进作用，说明其环境保护方面较弱；美国（阿拉斯加）的经济增长对CO_2排放量却有较强的抑制作用，1%的经济增长带来0.64%的CO_2排放量的降低，油气资源消费却对CO_2排放量具有促进作用，这与阿拉斯加近年来油气资源生产量降低和经济低迷有关。

（5）采用STIRPAT模型开展油气资源利用与环境压力的综合分析。挪威和丹麦油气资源利用消费对环境压力的影响最小，能源消费系数均小于0.3，能源强度指标系数也均小于0.6，说明其综合技术和环境保护方面均占优势；中国排名第三，除能源强度指标外，其他各指标均高于加拿大，说明中国在综合技术和环境保护方面都有很大提升；加拿大的能源强度指标对环境压力影响最小，系数只有0.2；俄罗斯的能源消费量和能源强度指标对CO_2排放量的影响较高，系数分别为1.31和0.48，其在综合技术和环境保护方面相对较弱。

（6）针对中国与北极国家的油气资源国际合作进行了SWOT分析。初步建议中国与俄罗斯为国际合作的增长型战略（SO），与挪威和丹麦为国际合作的开拓型战略（WO），与加拿大为国际合作的多元型战略（ST）以及与美国（阿拉斯加）为国际合作的长远型战略（WT）。探讨了中国参与北极国际海底区域资源的开发方式应以全人类共同开发为前提，并指出中国在参与北极资源开发中需要从环境保护约束下资源开发模式、温室气体资源化利用、加强北极航道和提高风险预警等角度开展技术创新研究。

参考文献

阿莱克桑德拉·诺维克娃，安娜·库普，玛丽亚·夏米纳，等. 俄罗斯的承诺与现行政策——以能源效率政策抑制碳排放[J]. 经济社会体制比较，2010（1）：62-68.

白振瑞，李明岩，杨国丰. 北极地区油气资源潜力和勘探开发动向[J]. 当代石油石化，2011，19（09）：39-44.

北极问题研究编写组. 北极问题研究[M]. 北京：海洋出版社，2011.

曹青青. 石油-经济-环境系统耦合协调度模型及其预测研究——以西部地区为例[D]. 成都理工大学，2015.

车巍. 丹麦绿色发展经验对我国生态文明建设的借鉴意义[J]. 党政视野，2015（5）：28-31.

陈立奇. 南极和北极地区在全球变化中的作用研究[J]. 地学前缘，2002，9（2）：245-253.

陈思旭. 中俄新能源合作现状与前景展望[J]. 西伯利亚研究，2011（5）：43-47.

程胜，谢雄标. 中加油气合作的制约因素及发展思路研究[J]. 中国国土资源经济，2012，25（6）：29-31，34.

崔浪. 奥巴马政府北极政策研究[D]. 青岛大学，2015.

邓爽，赵涛. 基于STIRPAT模型的金砖国家碳排放因素研究[J]. 甘肃科学学报，2015，27（06）：101-107.

丁锋. 我国油气资源勘探开发战略研究[D]. 北京：中国地质大学(北京)，2007.

董跃. 北极法律秩序走向与中国北极权益新视野[J]. 中国海洋大学学报（社会科学版），2012，（06）：1-5.

冯丹，陆朝荣，周山丹. 北极石油开发的争夺与障碍[J]. 节能技术，2009，27（4）：334-335.

高爱国，刘焱光，孙海青. 与全球变化有关的几个北极海洋地质问题[J]. 地学前缘，2002，9（3）：201-207.

高明，吴雪萍，郭施宏. 城市化进程、环境规制与大气污染——基于STIRPAT模型的实证分析[J]. 工业技术经济，2016，35（9）：110-117.

高振宇，王益. 我国能源生产率的地区划分及影响因素分析[J]. 数量经济技术经济研究，2006，23（9）：46-57.

谷志红，牛东晓. 挪威的能源可持续发展战略和借鉴[J]. 电力需求侧管理，2008，10

（1）：66-68.
关山燕，甄红线．我国货币需求的误差修正模型[J]．预测，2001，20（5）：33-35.
郭俊广，管硕，柏锁柱等．俄罗斯北极海域合作开发现状[J]．国际石油经济，2017，25（3）：79-84.
郭培清．北极航道的国际问题研究[M]．北京：海洋出版社，2009.
过启渊，吕秋凉．世界能源经济[M]．重庆：重庆出版社，1988.
韩学强．俄罗斯北极大陆架油气资源勘探开发战略规划概要[J]．石油科技论坛，2012，31（6）：2-47.
韩学强．俄罗斯大陆架海域油气资源勘探开发现状[J]．石油科技论坛，2012，31（05）：45-49，75-76.
何金祥．挪威的油气资源管理与投资环境[J]．国土资源情报，2014，（4）：24-28.
赫尔曼·哈肯，凌复华．协同学：大自然构成的奥秘[M]．上海：上海译文出版社，2005.
洪唯宇，刘成林，赵越，等．东格陵兰盆地油气资源评价[J]．海洋地质前沿，2016，32（8）：30-40.
侯伟丽．论经济增长与环境质量——评EKC曲线假说[J]．求是学刊，2007，34（4）：64-69.
黄栋，贺之杲．欧盟参与北极治理的合法性研究[J]．德国研究，2017（3）.
黄潇涛．北极石油资源可持续开发研究[D]．山东师范大学，2015.
黄子惺．北极地区油气资源地缘政治经济格局研究[D]．华东师范大学，2010.
贾凌霄．北极地区油气资源勘探开发现状[N]．中国矿业报，2017：7-14.
贾宇．北极地区领土主权和海洋权益争端探析[J]．中国海洋大学学报（社会科学版），2010（1）：6-10.
贾志坤，姜培海，任怀建，等．北极地区北冰洋勘探方向预测[J]．黑龙江科技信息，2015（20）：135-135.
姜璐，郭治安，沈小峰．协同学与社会学的结合—定量社会学简介[J]．社会学研究，1986（3）：84-88.
克里斯托夫·鲁尔．BP能源统计：2009[EB/OL]．[2015-07-15].
匡增军，欧开飞．俄罗斯与挪威的海上共同开发案评析[J]．边界与海洋研究，2016（1）.
匡增军．2010年俄挪北极海洋划界条约评析[J]．东北亚论坛，2011，20（5）：45-53.
雷闪，殷进垠．北极油气开发现状分析与战略思考[J]．中国矿业，2014（2）：16-19.
李琮．世界经济学大辞典[M]．北京：经济科学出版社，2000.
李国璋，霍宗杰．我国全要素能源效率及其收敛性[J]．中国人口·资源与环境，2010，20（1）：11-17.
李浩武，童晓光．北极地区油气资源及勘探潜力分析[J]．中国石油勘探，2010，15

（3）：73–82.
李洁. 北极地区油气资源开发国际合作机制研究[J]. 武大国际法评论，2015（1）：88–107.
李敏，屈红军，张功成，等. 环北极深水盆地群油气地质特征及勘探潜力[J]. 海洋地质前沿，2011（8）：32–40.
林伯强. 中国能源需求的经济计量分析[J]. 统计研究，2001，18（10）：34–39.
刘超. 东北三省能源消费、经济增长和碳排放关系的实证研究[D]. 东北石油大学，2017.
刘晨. 中国参与北欧五国非生物资源开发的国际投资法律问题研究[D]. 中国海洋大学，2015.
刘惠荣，陈奕彤. 北极理事会的亚洲观察员与北极治理[J]. 武汉大学学报（哲学社会科学版），2014，67（03）：45–50.
刘惠荣，孙善浩. 中国与北极：合作与共赢之路[J]. 中国海洋大学学报（社会科学版），2016（2）：1–7.
刘景凯. BP墨西哥湾漏油事件应急处置与危机管理的启示[J]. 中国安全生产科学技术，2011，07（1）：85–88.
刘匡. 中国北极东北航道的SWOT分析[D]. 山东师范大学，2013.
柳思思. 欧盟绿色北极政策：理论依据与规范实践[J]. 和平与发展，2016（3）：99–110.
卢广新. 国际新形势下的俄罗斯北极战略研究[D]. 北京外国语大学，2017.
卢景美，邵滋军，房殿勇，等. 北极圈油气资源潜力分析[J]. 资源与产业，2010，12（04）：29–33.
陆俊元. 北极地缘政治与中国应对[M]. 北京：时事出版社，2010.
吕钦. 中国能源消费及结构与经济增长的关系研究[J]. 科技管理研究，2013（9）.
罗佐县，杨峰，张礼貌. 俄罗斯油气投资环境与中俄油气合作潜力分析[J]. 中国石油和化工经济分析，2010，15（6）：24–28.
马超群，储慧斌，李科，等. 中国能源消费与经济增长的协整与误差校正模型研究[J]. 系统工程，2004，22（10）：47–50.
潘敏，徐理灵. 中美北极合作：制度、领域和方式[J]. 太平洋学报，2016，24（12）：87–94.
齐志新，陈文颖. 结构调整还是技术进步？——改革开放后我国能源效率提高的因素分析[J]. 上海经济研究，2006（6）：8–17.
钱宗旗. 俄罗斯北极能源发展前景和中俄能源合作展望[J]. 山东工商学院学报，2015，29（5）：38–43.
乔满平. 中俄“一带一路”区域能源合作中的问题及应对策略研究[D]. 湘潭大学，2017.

沈平平，杨永智．温室气体在石油开采中资源化利用的科学问题[J]．中国基础科学，2006，8（3）：23–31．

师博．能源消费、结构突变与中国经济增长：1952-2005[J]．当代经济科学，2007（9）：94–100．

石英．加拿大区域经济增长差距研究[D]．吉林大学，2017．

宋旭光，席玮．中国能源生产率增长中的结构变动——基于Shift-Share方法的分析[J]．财经问题研究，2010（10）：8–13．

隋广军，苏启林．环保产业发展与政策分析——以加拿大为例[J]．中国人口·资源与环境，2002，12（2）：44–47．

孙凯，王晨光．中国参与北极事务的战略选择——基于战略管理的SWOT分析视角[J]．国际论坛，2014（3）：49–55．

孙凯，张瑜．对北极治理几个关键问题的理性思考[J]．中国海洋大学学报（社会科学版），2016（3）：1–5．

孙悦民，张明．中美海洋资源政策比较[J]．国际展望，2014（2）：77–93．

万晓梦．剖析日本北极政策的新发展[J]．改革与开放，2017（2）：17–18．

汪杨骏，张韧，钱龙霞，等．北极海冰消融情景下环北极国家利益争端的动态博弈建模技术[J]．极地研究，2016，28（2）：257–266．

王春枝．中加能源合作：行走在虚实之间[J]．中国石油石化，2005（5）：29．

王芳，俞路．变迁中的俄罗斯城市化进程研究[J]．南方人口，2006，21（2）：47–52．

王飞．矿产资源战略评价模型与实证研究[D]．中国地质大学，2013．

王华春，郑伟．格陵兰油气勘探开发的历史、现状与未来[J]．经营与管理，2016（2）：39–41．

王惠文，吴载斌，孟洁．偏最小二乘回归的线性和非线性方法[M]．北京：国防工业出版社，1999．

王惠文．偏最小二乘回归方法及其应用[M]．北京：国防工业出版社，1999：3，151，155–157，210–211．

王娟．北极问题与中国的政策选择[D]．南京师范大学，2015．

王淑兰．俄罗斯北极海陆架白垩系建造含油气远景[J]．海洋地质动态，1994（11）：13–15．

王学文．工程导论[M]．北京：电子工业出版社，2012．

王玉潜．能源消耗强度变动的因素分析方法及其应用[J]．数量经济技术经济研究，2003（8）：151–154．

王远，陈洁，周婧，等．江苏省能源消费与经济增长耦合关系研究[J]．长江流域资源与环境，2010，19（9）：979–984．

王越，邱海峻，孟刚．挪威石油工业、能源发展战略及启示[J]．中国国土资源经济，

2009，22（2）：34-37.
卫平，周亚细. 城市化、能源消费与碳排放——基于STIRPAT模型的跨国面板数据实证研究[J]. 生态经济，2014，30（09）：14-18.
吴雪明，张侠. 北极跟踪监测与评估体系的设计思路和基本框架[J]. 国际观察，2011（4）：9-16.
吴英姿，都红雯，闻岳春. 中国工业碳排放与经济增长的关系研究——基于STIRPAT模型[J]. 华东经济管理，2014，28（1）：47-50.
奚源. 中国参与北极资源开发战略研究——基于渐进决策理论的视角[J]. 理论月刊，2017（07）：171-177.
肖洋. 韩国的北极战略：构建逻辑与实施愿景[J]. 国际论坛，2016（2）：13-19.
许国志. 系统科学[M]. 上海：上海科技教育出版社，2000.
杨雪琴. 北极油气资源开发潜力探究[J]. 中国化工贸易，2015，7（16）.
杨宗喜，金玺，唐金荣，等. 挪威油气工业中的资源、资产、资本综合管理模式[J]. 中国矿业，2014（10）：25-29，38.
余夕志. 壳牌在阿拉斯加的海洋钻井计划受到阻碍[J]. 工程机械，2013.
岳来群，杨丽丽，赵越. 关于北极地区油气资源的战略性思考[J]. 中国国土资源经济，2008，21（11）：12-13.
翟嫚嫚. 基于IPAT等式及其扩展模型的河南省环境压力与影响因素分析——以能源消费为例[D]. 河南大学，2017.
张驰. 我国能源效率与全要素生产率耦合协调关系研究[D]. 北京工业大学，2017.
张海文，李海清. 联合国海洋法公约释义集[M]. 北京：海洋出版社，2006.
张兰生，方修琦. 全球变化[M]. 北京：高等教育出版社，2000.
张朋飞. 俄罗斯北极政策及其决策机制研究[D]. 中国海洋大学，2015.
张儒伟. 中国对俄罗斯油气资源投资研究[D]. 对外经济贸易大学，2015.
张润华. 论人口问题对我国环境的影响及其对策[D]. 西南交通大学，2007.
张侠，郭培清，凌晓良，等. 北极地区区域经济特征研究[J]. 世界地理研究，2009，18（1）：34-41.
张侠，屠景芳. 北冰洋油气资源潜力的全球战略意义[J]. 中国海洋大学学报（社会科学版），2010（5）：8-10.
张侠，杨惠根，王洛，等. 我国北极航道开拓的战略选择初探[J]. 极地研究，2016，28（2）：267-277.
张侠. 北极油气资源潜力的全球战略意义[J]. 北极战略，2010（2）：11-17.
张笑一. 中等强国外交行为理论视野下的加拿大北极政策研究（1945-2015）[D]. 北京外国语大学，2016.
张雪冬. 俄罗斯北极战略下的能源政策与航道政策[D]. 中国海洋大学，2012.

张耀. 加拿大与俄罗斯北极政策比较及对我国的启示[J]. 山东工商学院学报，2015，29（4）：12-17，62.
章成，顾兴斌. 国际法视阈下的北极海域外大陆架划界问题论析[J]. 国际论坛，2013（4）：45-50.
章成. 北极海域外大陆架划界问题研究[D]. 南昌大学，2012.
章成. 北极地区大陆架划界争议的法律问题及其应对思路[J]. 武大国际法评论，2016（1）：203-227.
章成. 北极海域的大陆架划界问题——法律争议与中国对策[J]. 国际展望，2017，9（3）：116-134.
赵宁宁，周菲. 英国北极政策的演进、特点及其对中国的启示[J]. 国际论坛，2016（3）：18-23.
赵宁宁，吴雷钊. 美国与北冰洋公海渔业治理：利益考量及政策实践[J]. 社会主义研究，2016，（01）：128-134.
赵宁宁. 小国家大格局：挪威北极战略评析[J]. 世界经济与政治论坛，2017（3）：108-121.
赵月. 人力资本作用下的技术进步与能源生产率的关系研究[J]. 全国商情·理论研究，2016（20）：106-108.
赵越，刘建民. 北极油气地质的新进展——第33届国际地质大会侧记[J]. 地质力学学报，2008，14（3）：292-294.
赵喆，梁英波，胡菁菁，等. 北极地区含油气潜力及勘探开发趋势分析[J]. 地学前缘，2014，21（3）：47-55.
中国对北极事务的看法——外交部胡正跃部长助理在“北极研究之旅”活动上的报告[J]. 世界知识，2009（15）：54-55.
钟传剑. 北极油气开发，如何走下去？[J]. 珠江水运，2016（22）：35-37.
钟兴菊，龙少波. 环境影响的IPAT模型再认识[J]. 中国人口·资源与环境，2016，26（3）：61-68.
舟丹. 俄罗斯将批准私营企业开采北极油气资源[J]. 中外能源，2013，18（10）：52.
周萍. 斯匹次卑尔根群岛与巴伦支海油气资源[J]. 国土资源情报，2005（4）：7-8.
朱宝林. 中国的北极政策论析[J]. 武汉理工大学学报（社会科学版），2016，29（01）：34-40.
朱江，田映华，孙全. 我国居民消费与GDP的误差修正模型研究[J]. 数理统计与管理，2003，22（2）：18-21.
朱磊，张茜. 中国能源企业对俄罗斯油气资源的投资与合作[J]. 欧亚经济，2008（12）：6-11.
朱瑛. 北极地区大陆架划界的科学与法律问题研究[D]. 中国海洋大学，2012.

朱运法，张延群．中国季度宏观经济计量协整模型简介[J]．数量经济技术经济研究，1998（8）：77−81．

Allan S E, Smith B W, Anderson K A. Impact of the Deepwater Horizon Oil Spill on Bioavailable Polycyclic Aromatic Hydrocarbons in Gulf of Mexico Coastal Waters[J]. Environmental Science & Technology, 2012, 46(4):2033-2039.

AMAP. 2007. Arctic Oil and Gas 2007[EB/OL]. Arctic Monitoring and Assessment Programme.

Andrews K R. A Concept of Corporate Strategy[M].The Concept of Corporate Strategy /. Dow Jones-Irwin, 1971:171-172.

Asafu-Adjaye J. The Relationship between Energy Consumption, Energy Prices and Economic Growth: Time Series Evidence from Asian Developing Countries[C]. Conference. Australian Agricultural and Resource Economics Society, 1999:615-625.

Austvik O G, Moe A. Oil and Gas Extraction in the Barents Region[M]. The Encyclopedia of the Barents Region. 2016.

Becker M S, Pollard W H. Editor's Choice: Sixty-year Legacy of Human Impacts on a High Arctic Ecosystem[J]. Journal of Applied Ecology, 2016, 53(3):876-884.

Beckerman W. Economic Growth and the Environment: Whose Growth? Whose Environment?[J]. World Development, 1992, 20(4):481-496.

Berkman P A, Young O R. Governance and Environmental Change in the Arctic Ocean[J]. Science, 2009, 324(5925):339-340.

Bird K J, Charpentier R R, Gautier D L, et al. Circum-Arctic Resource Appraisal: Estimates of Undiscovered Oil and Gas North of the Arctic Circle[J]. Fact Sheet, 2008.

Brown D M, Mcalpine K D, Yole R W. Sedimentology and Sandstone Diagenesis of Hibernia Formation in Hibernia Oil Field, Grand Banks of Newfoundland[J]. AAPG (Am. Assoc. Pet. Geol.) Bull.; (United States), 1989, 73(5):557-575.

Buzas M A, Hayek L A C, Buzas-Stephens P, et al. The Ecological Balance of Nature and the Evolution Of Baffin Bay, Texas[J]. Journal of Foraminiferal Research, 2017, 47(2):219-227.

Caddell R. Pursuing the Northern Rights: The Emergent Arctic Policy of the UK[J]. Environmental Law Review, 2014, 16(2):122-128.

Carson R. Silent Spring.[J]. Forestry, 2002, 304(6):704.

Caspers H, William E. Westermeyer and Kurt M. Shusterich (Editors): United States Arctic Interests. The 1980s and 1990 s-With 23 figs, 369 pp. New York/Berlin: Springer-Verlag 1984. ISBN 0-387 (New York) 3-540 (Berlin) -96009-0. DM 114,-[J]. International Review of Hydrobiology, 2010, 71(6):868.

Chapman W L, Walsh J E. Recent Variations of Sea Ice and Air Temperature in High

Latitudes[J]. Bulletin of the American Meteorological Society, 1993, 74:33-47.

Charny A, Bennet J, Benson K, et al. Consolidated Versions of the Treaty on European Union and of the Treaty on the Functioning of the European Union : Charter of Fundamental Rights of the European Union | Clc[M]// Consolidated Versions of the Treaty on European Union and of the Treaty on the functioning of the European Union :. Office for Official Publications of the European Communities, 2010:619-635.

Chen D J, Zhao S Q, Zhi-Ming X U, et al. Study on Solvent Extraction Process of Canada Oil Sands [J]. Modern Chemical Industry, 2009.

Churchill R R, Ulfstein G. Marine Management in Disputed Areas: the Case of the Barents Sea[J]. Routledge, 1992.

Craig P C, Mccart P J. Classification of Stream Types in Beaufort Sea Drainages between Prudhoe Bay, Alaska, and the Mackenzie Delta, N. W. T. Canada[J]. Arctic & Alpine Research, 1975, 7(2):183-198.

Dalby S. Geopolitical Identities: Arctic Ecology and Global Consumption[J]. Geopolitics, 2003, 8(1):181-202.

Dawes P R, Elander M, Ericson M. The Wolf (Canis lupus) in Greenland: A Historical Review and Present Status[J]. Arctic, 1986, 39(2):119-132.

Didwania S H. Breaking the Ice: Emerging Legal Issues in Arctic Sovereignty[J]. Chicago Journal of International Law, 2008, 9(1):323-351.

Dietz T, Rosa E A. Rethinking the Environment Impacts of Population Affluence and Technology [J]. Human Ecology Review, 1994,2(1):277-300.

Drachev S S, Savostin L A, Groshev V G, et al. Structure and Geology of the Continental Shelf of the Laptev Sea, Eastern Russian Arctic[J]. Tectonophysics, 1998, 298(4):357-393.

Ehrlich P R, Holdren J P .Impact of Population Growth[J].Science,1971,171(3977):1212.

Elliott R J R, Sun P, Chen S. Energy Intensity and Foreign Direct Investment: A Chinese City-level Study[J]. Energy Economics, 2013, 40(2):484-494.

Embry A F. Geological and Geophysical Evidence in Support of the Hypothesis of Anticlockwise Rotation of Northern Alaska[J]. Marine Geology, 1990, 93(90):317-329.

Engle R F, Granger C W J. Co-Integration and Error Correction: Representation, Estimation, and Testing[J]. Econometrica, 1987, 55(2):251-276.

European Union E. Joint Communication: Developing a European Union Policy towards the Arctic Region: Progress Since 2008 and Next Steps.[J].

Fisher-Vanden K, Jefferson G H, Liu H, et al. What Is Driving China's Decline in Energy Intensity? [J]. Resource & Energy Economics, 2004, 26(1):77-97.

Foster G, Rahmstorf S. Global Temperature Evolution 1979-2010[J]. Environmental Research

Letters, 2011, 6(4):526-533.

Gautier D L, Bird K J, Charpentier R R, et al. Assessment of Undiscovered Oil and Gas in the Arctic[J]. Science, 2009, 324(5931):1175-1179.

Government of Canada, Treasury Board of Canada, Secretariat, Treasury Board of Canada Secretariat, Expenditure Management, Reports on Plans and Priorities, 2010-2011 Reports on Plans and Priorities. Department of Foreign Affairs and International Trade [J]. 2010.

Granger C W J, Newbold P. Spurious Regressions in Econometrics[J]. Journal of Econometrics, 1974, 2(2):111-120.

Grantz A, Eittreim S, Dinter D A. Geology and Tectonic Development of the Continental Margin North of Alaska[J]. Tectonophysics, 1979, 59(1–4):263-291.

Grossman G M, Krueger A B. Environmental Impacts of a North American Free Trade Agreement[J]. Social Science Electronic Publishing, 1991, 8(2):223-250.

Gudlaugsson S T, Faleide J I, Johansen S E, et al. Late Palaeozoic Structural Development of the South-western Barents Sea[J]. Marine & Petroleum Geology, 1998, 15(1):73-102.

Guemas V, Doblas F J. Retrospective Prediction of the Global Warming Slowdown in the Past Decade[J]. Nature Climate Change, 2013, 3(7):649-653.

Gupta K. Oil Price Shocks, Competition, and Oil & Gas Stock Returns — Global Evidence[J]. Energy Economics, 2016, 57:140-153.

Hacquebord L. LASHIPA. History of Large Scale Resource Exploitation in the Polar Areas.[J]. Circumpolar Studies, 2012.

Haines A. Climate Change 2001: The Scientific Basis. Contribution of Working Group 1 to the Third Assessment report of the Intergovernmental Panel on Climate Change.[J]. International Journal of Epidemiology, 2003, 32(2):321-321.

Hamilton L, Lyster P, Otterstad O. Social Change, Ecology and Climate in 20th-Century Greenland[J]. Climatic Change, 2000, 47(1-2):193-211.

Han X, Chatterjee L. Impacts of Growth and structure Change on CO2 Emissions of Developing Countries[J].World Development, 1997, 5(2):395-407.

Hasle J R, Kjellén U, Haugerud O. Decision on oil and gas exploration in an Arctic area: Case study from the Norwegian Barents Sea[J]. Safety Science, 2009, 47(6):832-842.

Hawdon D, Pearson P. Input-output Simulations of Energy, Environment, Economy Interactions in the UK[J]. Energy Economics, 1995, 17(1):73-86.

Houseknecht D W, Bird K J. Oil and Gas Resources of the Arctic Alaska Petroleum Province[J]. Permian of Northern Pangea, 2007(12):2183-2192.

IHS. Fields General [DB/OL].2011-12-20[2012-01-19]. http://edin.ihsenergy.com.

Interfax. Gazflot Murmansk branch to receive Arkticheskaya rig by end 2012[J]. Russia & Cis

Energy Newswire, 2012.

Ivanova N M, Sakoulina T S, Roslov Y V. Deep seismic investigation across the Barents–Kara region and Novozemelskiy Fold Belt (Arctic Shelf)[J]. Tectonophysics, 2006, 420(1–2):123-140.

Jakobson L. China prepares for an ice-free Arctic[J]. Sipri Insights on Peace & Security, 2010.

Jensen J. Federated Identity Management in the Norwegian Oil and Gas Industry[J]. Datateknologi, 2014.

Johansen S. Statistical analysis of cointegration vectors[J]. Journal of Economic Dynamics & Control, 1988, 12(2):231-254.

John E.Noyes.Judicial and Arbitral Proceedings and Outer Limits of the Continetal Shelf[J]. Vand. J. Transnat'Ll. 2009,42(1),1211-1264.

John, L.Kennedy, 周玉海．北极圈油气新发现引发国际勘探热潮——尚未成熟的技术、潜在的生态风险和各国政治力量对抗都会成为北极地区油气资源开发的挑战因素[J]．世界石油工业, 2010(5):63-67.

Jonsson H, Sundt R C, Aas E, et al. The Arctic is no longer put on ice: evaluation of Polar cod (Boreogadus saida) as a monitoring species of oil pollution in cold waters[J]. Marine Pollution Bulletin, 2010, 60(3):390-395.

Kaminskii V D, Suprunenko O I, Suslova V V. The continental shelf of the Russian Arctic region: the state of the art in the study and exploration of oil and gas resources[J]. Russian Geology & Geophysics, 2011, 52(8):760-767.

Kerr R A. What Happened to Global Warming? Scientists Say Just Wait a Bit[J]. Science, 2009, 326(5949):28-29.

Keskitalo C. International Region-BuildingDevelopment of the Arctic as an International Region[J]. International Relations of the Asia-Pacific, 2007, 42(2):187-205.

Kim H J. Success in heading north? : South Korea's master plan for Arctic policy[J]. Marine Policy, 2015, 61:264-272.

Knight J. Do global temperature trends over the last decade falsify climate predictions?[J]. Bulletin of the American Meteorological Society, 2009: 90.

Knol M, Arbo P. Oil spill response in the Arctic: Norwegian experiences and future perspectives [J]. Marine Policy, 2014, 50(50):171-177.

Kopytin I A. Influence of oil prices on stock market indexes in Russia and Norway[J]. Studies on Russian Economic Development, 2014, 25(1):99-110.

Kraft J, Kraft A, On the Relationship between Energy and GNP [J].Journal of Energy Development, 1978(3):401-403.

Kuznets S. Quantitative Aspects of the Economic Growth of Nations: VII. The Share and

Structures of Consumption[J]. Economic Development & Cultural Change, 1962, 10(2):1-92.

Lardic S, Mignon V. The impact of oil prices on GDP in European countries: An empirical investigation based on asymmetric cointegration[J]. Energy Policy, 2006, 34(18):3910-3915.

Larsen J N, Fondahl G. Arctic Human Development Report[J]. Stefansson Arctic Institute, 2014.

Lean J L, Rind D H. How natural and anthropogenic influences alter global and regional surface temperatures: 1889 to 2006[J]. Geophysical Research Letters, 2008, 35(18):102.

Lean J L, Rind D H. How will Earth's surface temperature change in future decades?[J]. Geophysical Research Letters, 2009, 36(15):15708.

Lindholt L, Glomsrød S. The Arctic: No big bonanza for the global petroleum industry[J]. Energy Economics, 2012, 34(5):1465-1474.

Lissauer I M, Murphy D L. A conceptual model for response to Arctic oil spills[J]. Environmental Management, 1978, 2(4):341-346.

Locatelli C. The Russian oil industry between public and private governance: obstacles to international oil companies' investment strategies[J]. Energy Policy, 2006, 34(9):1075-1085.

Manabe S, Stouffer R J, Spelman M J, et al. Transient Responses of a Coupled Ocean–Atmosphere Model to Gradual Changes of Atmospheric CO_2. Part I. Annual Mean Response[J]. Journal of Climate, 1984, 4(5):105-127.

Masterson W D, Dzou L I P, Holba A G, et al. Evidence for biodegradation and evaporative fractionation in West Sak, Kuparuk and Prudhoe Bay field areas, North Slope, Alaska[J]. Organic Geochemistry, 2001, 32(3):411-441.

Mauritzen J. The Effect of Oil Prices on Field Production: Evidence from the Norwegian Continental Shelf[J]. Oxford Bulletin of Economics & Statistics, 2016, 79(158):124-144.

Mjøset L. The Integration of the Norwegian Oil Economy into the World Economy[J]. Comparative Social Research, 2011, 28:167-263.

Nekrasov A S. Conceptual energy and environmental problems of economic policy in the former USSR[J]. Energy Economics, 1993, 15(4):273-284.

Niu Y, Shi X, Li T, et al. Testing the mantle plume hypothesis: An IODP effort to drill into the Kamchatka-Okhotsk Sea system[J]. Science Bulletin, 2017, 62(21):1464-1472.

Nuttall M. Protecting the Arctic: indigenous peoples and cultural survival[M]. Harwood academic publishers, 2011.

Oil and Gas Journal, 2006. WoodMac: Arctic Has Less Oil than Earlier Estimated, pp.18-30. Nov 13.

Osherenko G, Young O R. The age of the Arctic : hot conflicts and cold realities[M]. Cambridge University Press, 2005.

Overland I, Krivorotov A. Norwegian–Russian Political Relations and Barents Oil and Gas Developments[J]. Social Science Electronic Publishing, 2015, 69(2):69-71.

Panayotou T.Empirical Tests and Policy Analysis of Environmental Degradation at Different Stages of Economic Development[M].Working Paper, Technology and Environment Program, Geneva, International Labor Office,1993.

Patterson, Murray G. What is energy efficiency: Concepts, indicators and methodological issues [J].Energy Policy. 2007 , 24(5) :377-390.

Pesaran, M. H., Shin, Y., and Smith, R. J. "Bounds testing approaches to the analysis of level relationships." Journal of Applied Econometrics, 2001, 16(3):289-327.

Pindyck R. Interfuel Substitution and the Industrial Demand for Energy: An International Comparison[J]. Review of Economics & Statistics, 1977, 61(2):169-179.

Pirog R L, Stamos S, Cohn S, et al. Energy economics: theory and policy[J]. 1987.

Plafker G, Moore J C, Winkler G R. Geology of the southern Alaska margin[J]. The Geology of North America, 1994:389-449.

Prescott J R V, Schofield C. The Maritime Political Boundaries of the World[J]. Brill Academic Pub, 1985, 152(3).

Prince R C, Owens E H, Sergy G A. Weathering of an Arctic oil spill over 20 years: the BIOS experiment revisited. Baffin Island Oil Spill[J]. Marine Pollution Bulletin, 2002, 44(11):1236-1242.

Prince R C, Owens E H, Sergy G A. Weathering of an Arctic Oil Spill Over 20 Years: the BIOS Experiment Revisited[J]. Marine Pollution Bulletin, 2002, 44(11):1236-42.

Psyk C. Reissuance of the NPDES General Permits for Oil and Gas Exploration Facilities on the Outer Continental Shelf and Contiguous State Waters in the Beaufort Sea and on the Outer Continental Shelf in the Chukchi Sea, AK[J]. Federal Register, 2012.

Radella F A, Galuskas G R. The Swift Formation of Flat Coulee Oil Field Liberty County, Montana[J]. 1966:202-219.

Raj R, Ghandehariun S, Kumar A, et al. A techno-economic study of shipping LNG to the Asia-Pacific from Western Canada by LNG carrier[J]. Journal of Natural Gas Science & Engineering, 2016, 34:979-992.

Rashe R, Tatom J. Energy Resources and Potential GNP[J]. Federal Reserve Bank of St Louis Review, 1977, 59(6):68-77.

Resz H A. Alaska Oil Industry Leadership Testifies[J]. Alaska Business Monthly, 2016.

Richard F G, Mun S H, Jorgenson W. Why Hasthe Energy-Output Ratio Falen in China? [J]. The Energy Journal,1999,(3):63-91.

Rigor I G, Colony R L, Martin S. Variations in Surface Air Temperature Observations in the

Arctic, 1979-97[J]. Journal of Climate, 2000, 13(5):896-914.

Sapkota K. Regime-Switching in the Impact of Oil Price Shocks on Stock Market Volatility: Evidence from Oil-Importing and Oil-Exporting Countries[J]. Lutpub, 2015.

Sbia R, Shahbaz M, Hamdi H. A Contribution of Foreign Direct Investment, Clean Energy, Trade Openness, Carbon Emissions and Economic Growth to Energy Demand in UAE[J]. Economic Modelling, 2014, 36:191-197.

Schenk C J, Bird K J, Charpentier R R, et al. Assessment of Undiscovered Oil and Gas Resources of the West Siberian Basin Province, Russia[J]. U.S.geological Survey, 2008, fs-009-03.

Selin V S, Larichkin F D, Tsukerman V A, et al. Challenges of the National Industrial Development and Policy of Mineral Mining Companies in the Arctic Region of the Russian Federation[J]. Gornyi Zhurnal, 2016(10):25-30.

Shi A. The Impact of Population Pressure on Global Carbon Dioxide Emissions, 1975-1996: Evidence from Pooled Crosscountry Data[J]. Ecological Economics, 2003,44(1):29-42.

Showstack R. White House issues Arctic strategy[J]. Eos Transactions American Geophysical Union, 2013, 94(21):192-192.

Solomon S D, Qin M Manning G, et al. Climate Change 2007: Contribution of Working Croup I to the Fourth Assessment Report of the Intergovernmental Panel onClimate Change[M]. IPCC. Cambridge, United Kingdom and New York, NY, CSA: Cambridge L niversitv Press, 2007 :996.

Soytas U, SariR.Energy Consumption and GDP: Causality Relationship in G-7 Countries and Emerging Markets[J], Energy Economics, 2003(25):33-37.

Spill A O. Prudhoe Bay, Alaska[J]. 2015.

Steven C. Dinero. Biocultural Diversity and Indigenous Ways of Knowing: Human Ecology in the Arctic[J].Polar Geography, 2011:344.

Strategy for the Arctic 2011–2020.http://um.dk/

Tankard A J, Welsink H J. Extensional Tectonics and Stratigraphy of Hibernia Oil Field, Grand Banks, Newfoundland[J]. AAPG Bull.; (United States), 1987, 71(10):1210-1232.

Terde N. Eni Aiming for 2012 Production Start for Barents Oil in the Arctic[J]. Offshore, 2008.

USGS, 2000. World Petroleum Assessment. http://greenwood.cr.usgs.gov/energy/WorldEnergy/DDS-60.

USGS, 2008. Fact Sheet 2008–3049, http://energy.usgs.gov/Arctic/.

USGS. Circum-Arctic Resource Appraisal: Estimates of Undiseovered Oil and GaS North of the Arctic Circle[R]. USGS Fact Sheet, 2008.

Vetrova E, Bobrova O, Gladisheva I, et al. Applying Sustanable Development Concept to Projects of Arctic Exploration[C]: Xx IEEE International Conference on Soft Computing and Measurements. IEEE, 2017:721-723.

Vignati E, Bonotto W, Cominelli A, et al. Fluid Delumping Applied to the Goliat Field: a Black-oil Model Coupled with a Process Design[J]. Society of Petroleum Engineers, 2010.

Walsh B, Cogan A. Optimum State Strategies Regarding Oil and Gas Exploration and Development on the Outer Continental Shelf[M]: Experimental Determination of On and Off State Small-Signalequivalent Circuit of δ-doped PHEMTS. 2015:892-895 vol.3.

Walsh J E, Chapman W L, Shy T L. Recent Decrease of Sea Level Pressure in the Central Arctic [J]. Journal of Climate, 1967, 9(2):480-488.

Wang D. A Review of Russia's Oil and Gas Development and Export Trade[J]. Sino-Global Energy, 2010, 998-999:1084-1087.

Wang W. Trend of Sino-Canada Oil & Gas Cooperation[J]. China Oil & Gas, 2014, 21(4):54-57.

Ward B, Dubos R J. Only one earth[J]. 1972.

Wedekind J. Canada's Carbon Threat[J]. Multinational Monitor, 2008.

Xing D. Study on Processing Schemes of Canada Oil-sand Bitumen[J]. Petroleum Planning & Engineering, 2007.

Zhou Q, Yang G. Natural Gas in Canada: Supply-Demand and Export Outlook[J]. Petroleum & Petrochemical Today, 2017.

ГусевЕ. А, РекантП. В, ВиноградовВ. А. Региональное геологическоекартографирование -основа изучения и освоенияминерально-сырьевого потенциала Арктики[J]. Zhurnal Fizicheskoj Khimii, 2013, 87(5):828-834.